아쌈차차 茶

인도여행,
90일간의 차밭살이 이야기

인도여행, 90일간의 차밭살이 이야기

아쌈차茶

초판1쇄 인쇄 2009년 11월 20일
초판1쇄 발행 2009년 11월 25일

지 은 이 김영자

펴 낸 곳 도서출판 이비컴
펴 낸 이 강기원

표지디자인 이승현
편집 디자인 윤은정

마 케 팅 김동중 · 이은미

주   소 130-811 서울시 동대문구 신설동 97-1 302호
대표전화 (02) 2254-0658
팩   스 (02) 2254-0634
전자우편 help@bookbee.co.kr

등록번호 제 6-0596호
등록일자 2002.4.9
I S B N 978-89-6245-030-9 13980
웹사이트 http://www.bookbee.co.kr

값 12,000원

이도서의 국립중앙도서관 출판시도서록(CIP)은 e-CIP 홈페이지
(http://www.nl.go.kr/cip.php)에서 이용하실 수 있습니다.(CIP제어번호: CIP2009003606)

야쌈차차 茶

인도여행, 90일간의 차밭살이 이야기

프롤
로그

애절한 삶의 페이지를 열면서...

남 보기에는 부족한 것 하나 없어 보이지만 나는 늘 갈증이 있었다. 배부른 소리 같지만, 참을 수 없는 갈증에 어느 날 무작정 떠났다. 어느 누가 날 위해 좋은 자리를 비워놓고 기다려주지 않지만 나는 타고 싶을 때타고 내리고 싶을 때 내렸다. 그것은 누구도 방해할 수 없는 나만의 자유였다.

한 잎, 두 잎 모아진 잎들이 홍차가 되듯,
한 장 두 장 모아 놓은 이야기들이 찻잔을 가득 채웠다.
은은한 티 향이 코끝을 자극하고 혀끝을 찌르고 눈가를 적시는, 그런 이야기다.
홍차의 투명한 선홍빛은 가난하고 힘없는 여인들의 땀의 결정체다.
초원에 감춰진 푸른 그늘에서 그들의 삶이 어떤 것인지를 찾아간다.

그곳에 가기 전까지만 해도 아쌤^{Assam}은 내게 그저 인도^{INDIA}의 한 주라는 생각에 불과했었다. 인연의 끈은 10년 전으로 올라갔고 그 끈은 길고

도 굵었다. 만리장성도 없고 프라하 성도 없지만 사람들의 갇혀있

　는 성벽을 풀다보니 이야기 실타래가 길어졌다.

　그때 느낀 구구절절한 일들이 이글을 쓰게 했다고나 할까. 초원의 길은
덜컹이다가 때론 강물처럼 내 가슴 속을 흘러간다. 나는 그것을 받아 적
고 있는 것이다.

　끝날 줄 모르는 광활한 차밭과 별이 총총 빛나던 밤하늘은 지금까지도
기억 속에 출몰한다. 그래서 이 여행기는 그렇게 가슴 설레던 여정의 되
새김질이라고 할 수 있다. 여정은 어느 때보다도 값지고 알찼다.

　알고 보니 차밭 여성들의 삶도 우리와 썩 다르지 않았다. 그들도 서로
사랑하고 미워하고, 일하다 다투고 화해하기도 하면서 살고 있었다. 여자
로 아내로 엄마로 주부로 며느리로 고단한 일상이지만 최선을 다하는 모
습이 흡사하다.

　생활의 여유는 우리가 더 있는지 모르지만 마음의 여유는 이들이 더 갖
고 있음을 알았다. 가난하지만 결코 가난하지 않은 그들만이 간직한 순수
함과 여유로움의 미학이 있었다.

　이들이 중시하는 것은 자연과의 공존이다. 거친 환경에서 살아가는 그
들에게 자연을 보호하는 것은 생존과 직결된 문제였다. 자연과 대립하며
인간은 살 수 없다는 것을 지혜로운 그들은 알고 있다. 자연계를 구성하
는 모든 생명의 가치는 동등하다는 '대칭성對稱性'의 사고가 들어있는 것이
다.

　나름대로 오랜 삶의 방식을 지키면서 살아가고 있는 사람들이다. 잃어

버린 삶의 원형을 찾으려는 현대인에게는 숨어있는 보석과 같은 것이다.

 참으로 놀라운 것은 그런 힘든 환경 속에서 살아가면서도 그 누구를 원망하지 않는 다는 것이었다.

 마음의 각오가 없었던 건 아니지만 천민들과의 교감은 결코 쉽지 않은 일이었다. 지금까지 내가 휴머니스트라고 생각하던 것은 지적교만이었다는 걸 알았다. 몸으로 부딪친 현장은 환상적인 감상을 지워버려야 했고, 마음의 빗장도 어느 정도 시간이 흐른 뒤에야 열렸다. 내 발걸음을 눈으로 쫓다보면, 사람의 눈높이에 서서 상대를 알게 될 뿐 아니라 여행자의 겸손을 배우게 된다.

 보기에는 실바람에도 쓰러질 듯 가냘픈 여인들이지만 모진 바람에도 이겨내는 엉겅퀴 같은 힘을 보여주었다. 이 여행의 바람이 누군가의 등을 밀어주는 힘이 된다면, 그 바람은 분명 누군가에게 용기와 감동이 될 것이다.

 이보다 더한 고생은 없었지만 가장 낮은 것이 가장 진정한 것임을. 세상에 귀하지 않은 것은 없으며 작고 사소한 것들일지라도 모두 의미 있는 것이다, 라는 것을. 마치 찻잔 바닥에 내려앉은 차 가루처럼.

 독자들이 이 책을 읽는 동안 '아...앗...쌈' 이라는 단어를 하나씩 되뇌

일 때 혓바닥이 입천장에 닿는 쌉쌀함, 그리움에 빠져들게 된다면 좋겠다. 읽다보면 책속에서 차향이 그윽하게 배일 테니 말이다.

홍차의 뒷모습에 숨겨져 있는 여성들의 애환을 찾아 대장정에 나선다. 지금부터 푸른 융단 위에서 대서사시가 펼쳐진다.

프롤로그 · 5

신들의 초록 융단 티가든

내 친구 안솔리 소노왈

위풍당당 행진하는 거야 · 15

친구 안솔리 교수도 차밭 출신 · 21

나 한국 아줌마야 · 28

베이스 캠프, 루이네 집

없어도 너무 없는 곳 · 33

송아지만한 개 무리들 · 38

정작 내가 끌리는건 따로 있는데 · 42

곁방살이

밥값 대신 찻잎 · 49

무슨 일을 했다고 아플까 · 56

루이네 뒷집 모나 아빠는 나쁜 남자 · 62

모나네 앞집 루이 엄마는 천사 표 · 68

효리몸매 포기 할까 보다 · 74

농장의 패션모델들 · 86

이모저모 풍속도

롱갈리 비후, 풍악을 울려라! · 99

현지인처럼 팬티를 입지 말아 볼까 · 109

별난결혼식 · 114
　　과속 스캔들
　　결혼 행진곡
　　혼례식

아쌈, 홍차 곁으로

홍차가 대체 뭐길래

홍차로 태어나다 · 131

차나무에 매달린 상식들 · 139

은은한 티 향에 빠져볼까

홍차가 무슨 만병통치약이라도 된데? · 143

마실 거리에서 식문화로 이동 중 · 147

곰삭은 홍차에서 인생을 배운다 · 150

슬픈 차밭

주홍글씨

역사는 돌고 돈다 · 157

에잇! 벼락 맞을 놈 · 163

가난이 향기롭다니 · 167

새처럼 날아봤으면

우리도 외국 나가고 싶어요 · 173

멀쩡한 정신으로는 버틸 수가 없어요 · 176

아쌈 차차茶 · 180

쇼생크 탈출 · 184

아멘

십자가를 찾아서 · 189

묵주 대신 시와 신께 · 193

초록빛 인생

영원한 푸른 동네

남은 여생은 티가든에서 · 201

인생도 나이도 덧칠 할 수록 추해진다 · 207

아름다운 오뚝이 인생들

화려한 외출 · 213

당신은 사랑받기 위해 태어난 사람 · 223
　석별의 밤
　석별의 아침

착한 사람들, 들꽃처럼 씩씩하게 살아요 · 231

에필로그 · 236

신들의

초록 융단 티가든

Tea Garden

내 친구 안솔리 소노왈
Ansali Sonowal

위풍당당
행진하는 거야

광활한 초원 위에 무언가가 보였다. 듬성듬성 물체가 꾸물대고 있었고 서서히 커지면서 내 앞으로 다가오고 있었다. 점점 윤곽이 나타나기 시작했다. 사람이었다.

천민의 상징 – 차밭 여인들만 쓰는 파란 숄

엎드려 차tea 잎을 따고 있는 여인들 이마에 땀방울이 송골송골 하다. 굽뜬 어깨 위로 오후 햇살이 앉아있다. 머리에 덮은 파란 숄은 차밭 여인들만 쓰는 일종의 유니폼이다. 색깔이 의사 수술 가운 같아 첫 인상부터가 마뜩찮다.

순간 한 여인의 눈빛과 마주쳤다. 옆에서 일하던 여인들에게 뭐라 그랬는지 일제히 나를 응시한다. 낯선 사람에게 보내는 경계의 눈초리다. 여럿이 확 달려들어 밀어 낼 것만 같아 겁이 났다. 애써 태연한 척 하지만

차밭의 여인들

속은 두근두근 하
다.

　두 손을 합장하고
*나마스떼! 안녕하세요!
하면서 평소 나답지
않게 깍듯이 허리
굽혀 인사를 했다.
그리고 만국 공용어
인 웃음으로 화답했
건만 여인들은 꿈쩍도 안한다.

　일에만 눈을 두고 있다가도 나를 흘금흘금 쳐다본다. 나 역시 곁눈질 해
가면서 여인들이 하는 그대로 새순을 톡톡 따서 바구니 속에 털어 넣었
다. 싱그러운 잎사귀에서 푸른 물이 뚝뚝 떨어질 듯하다.

　좀 더 친해질 요량으로 그녀들이 앉으면 따라서 옆에 비집고 앉았다. 드
디어 여인들 입매가 살짝 열리기 시작한다. 이때다 싶어 잽싸게 배낭에서
쿠키를 꺼내서는 놀고 있는 입에 한 개씩 물려줬다. 커다란 눈들이 일단 나
를 쳐다본 다음에야 받아먹는다. 다행이었다. 입도 바쁘고 손도 바빠졌다.

　이제서야 휴... 하니 한숨 돌리겠다. 목덜미로 땀이 주르르 흐른다. 그
나저나 이 엄청난 잎들을 언제 다 따나. 잔뜩 주눅이 들었던 내 마음도 서
서히 풀어진다.

---

* 나마스떼
인도인들이 서로 만나거나 헤어질 때 나누는 일상의 인사말이다. '내 안의 신이 당신
안의 신에게 인사드립니다.'는 의미

인도 동북쪽에 위치한 아쌈^{Assam}주. 네팔과 부탄, 미얀마와 방글라데시, 중국 5개국에 둘러싸여 있으며, 남쪽 구와하티^{Guwahati}에서 동쪽으로 틴슈키아^{Tinsukia}까지 장장 500km. 경부고속도로 보다 더 긴 거리이다. 길 위에는 세계적으로 이름값을 하는 아쌈 티, 티가든^{차밭}이 조각보를 이어놓은 듯 펼쳐져 있었다. 온통 초록 융단이다. 도대체 이 안에는 어떤 사람들이 살고 있을까.

인도 아쌈 주^州의 위치

서둘러 농장으로 들어가려는데 예기치 않은 불청객이 나를 기다리고 있다. 당장이라도 뛰쳐나올 듯 용맹스런 두 사자의 문양이 정문 양쪽 기둥에 떡하니 붙어 있는 것이었다.

수문장인 좌청룡 우백호다. 일종에 수호신이자 지금부터는 자기 구역이라는 영역 표시다. 시작부터 내 기를 죽인다.

그렇다고 지레 기죽을 내가 아니지. 여행자의 특권은 낯선 영역의 짜릿

한 침범이 아닐까. 한쪽 귀퉁이에 바래 진 간판이 있어 가까이 가서 보니까 차^茶 농장의 K 상호와 J. S 라고 적힌 주인장 문패였다.

잠시 주춤하던 일손들이 갑자기 빨라지고 있었다. 웬 남자가 황급히 차 밭으로 들어오면서 나한테 고개 인사부터 한다. 도대체 누굴까.

"하이! 웰 컴. 제가 매니저입니다"

하더니 한 번 더 꾸벅 인사를 하는데 걷는 자세나 풍기는 인상이 어째 건들건들 한 폼이다. 여기에다 호남 사투리만 구사하면 제격이겠다. 매니 저라면 여기서는 보통 힘깨나 쓰는 게 아니라고 들었다.

나한테 어서 나오라고 손짓하면서 내 배낭을 거뜬히 들더니 벌써 저만 치 걸어가고 있다. 뒤따라가는데 콧바람이 푸르다.

수문장 – 좌청룡 우백호격인
사자기둥

사무실 안으로 따라 들어갔다.

"마담! 차 드세요" 하는데 어째 내 귀에는 '차 드시지라' 하는 사투리로 들린다.

"농장에서 지내고 싶다고요?" 하면서 나를 쳐다보는 눈빛이 안쓰럽다. 미리 연락은 받아 놓았겠다 이러지도 저러지도

차밭농장 입구

못하는 표정이다. 이때 후다닥 배낭에서 물건을 꺼내 들었다.

"이거 코리아 인형이에요. 선물입니다"

"어이쿠 이런 걸 뭘... 헤헤"

머리를 쓱 한번 만지더니 멋쩍어하면서 곧바로 몸을 조아리는데, 어쩜 순식간에 저런 액션이 나오는지 놀랐다. 괴기소설 '지킬박사와 하이드' 역을 연기하면 제법이겠다. 과연 녹녹치 않은 사람이다.

"지내기 힘드실 텐데요? 모든 게 열악해요. 자, 그럼 갈까요?"

저 능청스런 표정하곤. 저 밑에서 일하는 사람들은 오죽할까. 왠지 울적해진다. 누구네 집으로 안내한다는 건지 불안해지기부터 한다. 과연 여기에 온 것이 잘한 일일까. 아무래도 계산 착오 같은데.

내 어깨가 서서히 쳐지는 걸 느끼겠다. 이런 소심한 성격으로 무슨 차밭 여인들에 대해서 연구를 한다는 건지. 매니저 앞에서는 당당하게 보여야 할 거다.

어느새 가옥들의 그림자가 길게 늘어져 있었다. 여기 오느라고 버스로 한나절은 걸린 모양이다. 어깨너머 아득히 지평선이 보인다. 얼마나 넓으면 마치 파란 물결이 넘실대는 바다처럼 저 끝이 수평선으로 보일까. 서울뜨기인 나로선 도무지 분간이 안 갈 정도다. 일단 눈이 시원하니까 피곤한 것도 풀리는 것 같다.

뱀부로 만든 서민들의 집 | 차밭 들어가는 길

친구 안솔리 교수도
차밭 출신

갑자기 집 앞이 술렁대기 시작했다. 동네 어른들이 신기한 한국 여자구경하느라 차례로 내가 있는 방안을 들여다보고 있었다. 먼저 온 사람이 보고 나가면 그 뒤로 다음 사람이 들어와 보고는 자기들끼리 수군수군 대며 나간다.

아이들도 서로 먼저 보겠다고 어른들 사이에 끼여서는 자라처럼 목을 쭉 빼고 큰 눈을 굴리면서 나를 쳐다본다. 내 눈과 마주친 어떤 아이는 수줍은지 씩 웃더니 내처 뛰어 나간다. 댓살 쯤 됨직한 사내 녀석은 어른들이 눈앞을 가로막고 있으니까 엥 하고 울기부터 한다.

이들의 얼굴을 보니 그다지 호기심 어린 표정이 아니다. 외국인이 왔다니까 잔뜩 기대를 하고 온 모양인데 낯빛이나 이목구비가 이들과 별반 다를 게 없으니까 심드렁한 표정이다.

난 당황스럽기도 하고 멋쩍기도 해서 어디다 시선을 둬야 할지 잠시 주저하고 있었다. 이때 밖에서 매니저 목소리가 들려왔다. 무슨 일인가 봤더니 손짓으로 미루어 보아 이 사람들에게 얼른 집으로 돌아가라는 사인

같았다.

세상에나! 어쩜 이리도 하나같이 남루한 옷들을 걸치고 있는지 내가 다 민망했다. 한 여인은 걸을 때마다 헤진 옷 사이로 엉덩이 살이 비칠 정도다.

잠시 집 주위를 죽 둘러보았다. 게딱지 같이 작은 공간들이 웅크리고 앉아있다. 허름한 진흙집들이 한 일자로 다 같은 판박이다. 한 날 한 시에 공장에서 찍어 낸 듯하다. 푸른 차밭과 너무 대조적이어서 오히려 낯설게 느껴진다.

사립문도 없이 그냥 들어서면 부엌이고 방이다. 방 두개의 문도 그렇다. 언제나 열려있는 문이지 열고 닫고 할 게 없다.

보통 집들을 보면 아래층은 축사로 사용하고 이층은 방과 부엌으로 된, 반 2층 구조인데 이곳은 모두 단층집이다. 크기가 같으니까 당연히 방 개수도 똑같겠다.

양철 지붕이 곧 쓰러질 것처럼 기울어져 있었다. 군데군데 툭툭 파헤쳐

1 2 3 4 5

1 뱀부(대나무)로
   만든 방갈로
2 부엌의 모습
3 뱀부로 만든 빨
   래터 겸 화장실
4 뱀부로 만든 창
   살무늬의 문
5 뱀부로 만든 집

진 벽면이 불안하다. 그런데다 소 똥 말린 둥그런 덩어리가 투덕투덕 붙
어있으니까 집이라기보다 차라리 축사라고 하는 편이 낫겠다.

얼마 전까지만 해도 아쌈이란 곳은 지구촌 어느 한 구석이려니 하고 치
부했었다. 이런 오지에 들어와 있으니까 지나간 일들이 비디오 빨리 감기
처럼 지나간다.

1998년 1월, 내가 인도를 처음으로 여행 할 때 수도 델리Delhi에서 일이
다. 정부에서 운영하는 버스 투어The open red car에 타고 있었다. 하루 종일
명소와 쇼핑센터를 구경 시켜주고 밤늦게 숙소에 내려주면 다음날 아침
다시 모여 떠나는 3일간의 트라이앵글델리, 아그라, 자이푸르 코스였다.
외국인 중에 동양인은 나 한 사람이고 미국인과 남아공에서 온 관광객
이 몇 명 있었다. 그때 동승한 현지인들 중에 신혼부부로 보이는 사람들
과 그 일행인 아줌마와 청년하고 친하게 되었다. 인도인치고는 외모가 조

금 달랐고 차림새도 깔끔한 편이었다.

　그때만 해도 대부분의 인도 남자들은 바지 스커트 같은 전통 도띠^{Dothi}를 걸치고 있었다. 그런데 부부 중 남자는 웨스턴 스타일의 감색 재킷에 청바지를 입고 있었다. 당시로선 앞서가는 패션 의상이라 할 수 있겠다.

　한국이 어디인지 모르는 사람들에게 '나홀로' 여행자인 나는 흥밋거리였고 나 또한 그들이 흥밋거리였다. 서로 사진도 찍어주고 식사도 같이하면서 우리 다섯 명은 내내 붙어 다녔다.

　자기들은 먼 변방에 있는 아쌈 주에서 왔으며 이곳 델리까지 하루 걸려서 왔다고 했다. 아줌마는 남자의 누나라는 걸 곧 알게 되었다. 청년은 남자의 친구. 그러니까 부부는 허니문 중이고 누나와 친구가 동행을 한 것

전통 도띠를 걸친 모습

이다.

　이 말을 듣고 이들이 조금 이상하게 느껴졌다. 허니문에 누가 동행한다는 일은 아주 이례적이기 때문이다. 조금이라도 별난 게 있으면 타고난 호기심으로 일단 붙고 보는 진드기 타입이라 빨리 친해졌는지도 모른다.

　간식을 사서 나눠 먹기도 하고 내가 시장에서 물건을 살 때면 그들이 깎아주기도 하였고 그들만의 습관을 볼 수 있어 좋았다. 신혼부부의 사랑스러운 행동도 내 눈을 즐겁게 했다.

　덕분에 외롭지 않고 재미있었다. 헤어질 때는 서로 주소를 교환하고 사진을 보내 주기로 약속하고 각자 제 갈 길을 갔다. 바로 여기서 만난 아줌마가 내 친구가 된 안솔리 소노왈^{Ansali Sonowal}이다.

　당시 허니문이었던 부부는 여태 컴맹이다. 안솔리는 나랑 동갑이고 직업은 십사가르^{Sibsagar}대학에서 학생들에게 사회학을 가르치는 선생님이다. 얼마 전에 인터넷을 개설했다고 나한테 야후 메일 주소를 보내왔다. 기억에서는 가물가물 멀어져가고 있던 터에 메일을 보니까 보고 싶던 고교 동창생을 찾은 심정이었다.

　이 주소로 저녁이면 안부를 묻고 파일로 사진을 보내며 우리의 소통은 급물살을 타게 되었다. 메일 덕에 글로벌 친구가 된 것이다. 안솔리는 이름이고 소노왈은 패밀리 성^姓이다.

　자기네 집으로 놀러 오라고해서 아쌈에 대해 약간의 상식은 알고 있으려고 여기저기 자료를 찾아보았다. 국내에는 인터넷은 물론 책 자료가 거의 없다. 구글을 뒤져보니까 그나마 몇 줄이 눈에 띄었다. 그러나 여기도 별다른 설명 없이 인도의 한 주^州라고만 되어 있었다.

여기저기 해외 자료를 뒤져보던 중에 뭔가를 발견했다. 순간 머리에서 불꽃이 팍 튀겨나갔다. 아니! 어떻게! 믿어지지가 않았지만 사실이었다. 가슴이 마구 콩닥거려졌다.

소노왈! 아쌈 주 전통 부족의 하나인 소노왈 카차리^{Sonawal-Kachari}다. 출신 성분이 홍차에 관한 일만 해야 하는 천민, 수백 년 내려오는 신토불이였던 것이다. 여행자에겐 엄청난 대박을 만난 거다. 바로 이것이었지, 나의 여행길을 재촉한 이유가.

어떻게 신분 상승이 되었을까. 그녀의 인생 역전이 무척이나 궁금했다. 더군다나 인도는 세계 어디에도 없는 '카스트^{Cast, 계급제도}제도'가 아직도 일상생활에서 버티고 있으니 말이다.

과연 차밭 여인들의 삶이란 어떤 것일까. 이런 호기심이 나를 아쌈으로 끌어들였고 그곳까지 가게 된 계기다.

서성거리고 있는데 아이들이 어디서 나왔는지 내 뒤를 졸졸 따라온다. 인도에서는 어디를 가나 부딪치는 일이다. 다른 도시 같으면 '머니', '볼펜' 하면서 땟물 낀 손을 내미는데 수줍음을 타는지 슬슬 뒤로 빼고 있다. 언제 빨아 입은 옷인지 꼬질꼬질한 게 마치 길거리 떠도는 아이들로 보인다. 옷 입은 모습 또한 하나 같이 똑같다.

발을 보니 신발 신은 아이는 두 명, 이것도 끈이 헤진 어른용 검정 슬리 퍼다. 뒤따라오던 검둥이도 덩달아 멈춰 섰다. 아이들에게 이리 오라고 손짓하는데도 우두커니 서 있다.

몇 살이냐고 물어도 서로들 쳐다보고만 있다. 볼펜이라도 주고 싶어 얼른 방으로 들어갔다 나왔더니 아무도 없다. 검둥이도 그새 가버린 모양이다.

닭장과 돼지우리가 있는 뒤편에서 쾌쾌한 가축 냄새가 올라온다. 어미 닭 뒤로 병아리 무리가 뒤뚱뒤뚱 대며 닭장 안으로 기어들어 가는 게 머 지않아 해가 지겠다.

옆집에 사는 여인이 자기 집 안으로 들어가다 말고 나를 흘금흘금 쳐다 본다. 여인의 뒷모습을 보는데 남의 일 같지가 않다. 이제부터 나도 저런 집으로 들어가야 하다니. 안정이 안 돼는 게 진정제라도 한 알 먹을까보다.

나 한국 아줌마야

  아쌈 십사가르에 사는 친구 안솔리네 집에 온지 사흘째
되던 날, 그동안 꾹꾹 참았던 말을 꺼냈다. 차밭 구경이 하고 싶다고 했다.
  "영자, 너를 이해 할 수 없어. 거길 왜 가고 싶은데?"
  어이없는 표정으로 나를 바라보는 것이었다.
  "갈 데가 얼마나 많은데 하필이면 차밭이야?"
  글쎄 나도 왜 가야하는지 딱 잘라 설명을 해줄 수가 없다. 그녀 말이 천
민들만 사는 집단 농장이란다. 게다가 관계된 자 외에는 아무나 들어 갈
수 없단다.
  인도인들은 사람을 사귈 때 양반 상놈, 브라만 천민 구별하면서 계급을
따진다. 아직도 네 땅, 내 땅 정확히 줄을 그어 놓고 자기들끼리 하고만
논다. 체면을 목숨만큼 중요시한다. 한마디로 '폼생폼사' 다.
  이러니 나한테 꽤나 잘난 척하고 싶었을 거다. 또 주위 사람들에게 나를
초대 했다고 얼마나 으스대고 싶었을까. 그런데 한국에서 온 글로벌 친구
가 천민이 사는 농장을 보고 싶다고 하니 그녀 입장에서 보면 기가 찰 노
릇일 거다. 그도 그럴 것이 그녀가 내 속셈을 알리가 있겠나. 내가 자기네
출신 성분을 모르고 있는 줄 안다.

지난 10여 년 동안 우리가 주고받은 종이 편지 속에는 집안 식구들 근황과 학교소식이 고작이었다. 어쩌다 크리스마스카드와 생일 카드를 받은 적도 있지만. 이정도면 됐지 굳이 자기 조상까지 얘기 해줄 필요가 없는 거다.

내 홈피를 열어 봐서 내 전공이 피아노고 오랜 기간 음악 이벤트 사업을 하고 있는 정도는 알고 있다.

이러니 천민인 여성들의 라이프 스토리가 나의 관심사일 줄 짐작이나 했겠나. 외모에서 보이는 것처럼 그냥 럭셔리한 중년 주부로만 알고 있겠지. 아마 그녀가 보기엔 내가 한국사람 치고 괜찮다고 판단이 들어서 초대를 했을 것이다. 계급이 높을수록 타인에 대한 의심이 많은 사람들이다.

어떻게 하면 그녀를 설득시킬 수 있을까 줄곧 이 생각만 하고 있었다. 나머지는 내가 다 알아서 할 테니 들어만 가게 해 달라고 계속 졸랐지만 눈썹도 까딱 안 했다.

어떻게 보면 한국과 인도와의 기 싸움일 수도 있다. 이렇게 생각하니까 한 치도 물러 설수 없다는 오기가 발동했다.

우는 아이 젖 준다고 계속 떼를 쓰니까 한동안 꿈적도 안하던 친구가 결국은 아는 사람을 통해서 농장의 매니저한테 말을 해 놓았다. 순간 너무 좋아서 천장을 뚫고 나갈 뻔 했다. 와우! 그런데

"영자, 한 번만 더 생각해봐. 힘들어서 가자마자 나올 텐데?"

과연 날 생각해서 이럴까. 그러더니 다른 쪽으로 유도한다.

"머줄리Majuli 섬 가고 싶다 했지? 며칠 있다 나랑 가자."

일전에 내가 머줄리라는 섬을 가보고 싶다고 했더니 그걸 기억하고는 권하는 말이다. 마음 씀씀이는 고맙다만 이미 나에게 주어진 미션에 올인하기로 한 이상 그 외엔 마음이 떠난 상태다.

슬슬 못 들은 척 하면서 내가 농장에 가서 지켜할 규칙이라도 있냐고 물었다. 그냥 매사에 겸손하기만하면 된단다. 이런 거라면 자신 있다. 나 혼자 여행을 하다보면 종종 누군가에게 표적 대상이 될 수 있다는 느낌을 받곤 했다. 특히 가난한 나라에 가면 이런 게 느낌으로 전해졌다. 그래서 어디서나 겸손한 몸가짐을 보이려고 노력한다.

오케이 하니까 하나를 덧붙인다. 어두워지면 나가지 말란다. 이것도 걱정 붙들어 놓으라고 했다. 인도는 관광지 말고는 밤 문화라는 게 없다. 또 대낮에도 길을 걷다보면 도처에 웅덩이가 파헤쳐져 있어 항상 조심하면서 다니는데 밤에 나다니다가 저승사자라도 만나려고.

"영자? 알아들었어?" 별안간 소리를 꽥 지른다. 아이쿠, 귀 따가워라.

"예스. 단야왓.^{고마워} 덩달아서 나도 큰 소리로 답례를 했다.

그렇다. 지금 친구는 심술을 부리고 있다. 심기가 좋을 리가 없다. 내 성화에 못 이겨 할 수 없이 협조는 했다만 농장으로 떠나는 날까지 안 갔으면 하는 눈치였다. 승자는 나인지라 아니꼽지만 참는다.

안솔리야. 네가 한국의 아줌마 저력을 모르나 본데 우리는 남자와 여자, 그리고 '줌마'가 있단다. 들떠서 마구 소리라도 지르고 싶은 심정이다. 어깨가 으쓱거려지면서 마치 인류학자라도 된 기분이다. 내 가슴은 제때 밥을 잘 준 괘종시계의 초침처럼 똑, 딱, 두근거리고 있었다.

<table>
</table>

1 2 3
4 5

1 길거리 펌프에서 가죽물통에
　물을 담는 모습
2 가죽물통을 지고 가는 모습
3 생주스를 파는 모습
4, 5 야채시장

베이스 캠프,
루이네 집

없어도
너무 없는 곳

　누구네 집에서 곁방살이를 하게 될까 여기 들어오기 전부터 기대 반 걱정 반이었다. 과연 나랑 한 식구가 될 사람들이 누구일까라는 기대와 모든 게 너무 달라서 과연 내가 적응이 될까하는 걱정이다.

　그냥 사람들이 되바라지지 않고 순박했으면 좋겠다. 사는 형편이야 열악한 게 이루 말 할 수 없지만 이왕지사 들어온 거 며칠을 못 견딜까.

루이네 집

　　　　　오래 전, 처음으로 인도에 와서 묵었던 첫날 숙소만큼이나 끔찍할라고. 허름하고 낡은 침대 위에 엄지 손가락만한 바퀴벌레가 기어가다가 내 눈과 마주쳤던 순간을 떠올리면 지금도 오싹하다.

　방에서 초라한 노인이 아기를 안고 있다가 주섬주섬 나와서는 이미 알고 있다는 듯 매니저에게 깍듯이 절을 한다. 나도 노인에게 정중히 인사부터 했다.

인사를 받는데 아차! 싶었다. 앞을 못 보는 노인이었다. 솜털이 보송한 갓난아기를 보니 애처롭다. 불면 날아갈 것 같다. 눈은 뜬 거보니 난지 2개월은 됐겠다.

둘이서 뭐라 뭐라 하더니 아이엄마가 곧 올 거니까 걱정 말란다. 초등학교 다니는 딸이 있는데 똘똘하단다. 이 말은 영어를 조금 한다는 뜻이다. 대륙이라 일컫는 인도는 주마다 언어가 다르다.

뱅갈Bangal 말과 비슷한 아쌈Assamese 말이 따로 있는데 부족들의 말은 여기서 또 갈라진다. 종족 별로 언어 소통도 천차만별. 영어는 학교에 들어가야만 배울 수 있다.

식구는 몇 명일까. 부엌을 보니까 찬장도 없고 부뚜막도 없다. 바닥에는 식기 몇 개가 흐트러져 있었다. 빈 냄비만 덩그렇다. 귀퉁이에는 찌그러진 주전자와 컵이 굴러다니고 있고 한 쪽으로는 불 때서 밥하는 진흙 아궁이가 웅크리고 있었다. 치울 새도 없나보다.

방안을 기웃거려보았다. 구석에는 간이침대가 하나 놓여 있고 사방 진흙 벽에는 아기 사진 한 장 없이 휑하다. 장롱은커녕 서랍장 하나 없다.

집안 부엌 모습

아무리 그래도 옷 한 벌 정도는 걸려 있을 법 한데. 내가 온다고 하니까 구질구질 한 것들 다 어디 구석에 쳐 박아 놓은 게 분명하다.

지지리도 못 산다는 게 이런 걸까. 자고 먹고 할 자신이 없어진다. 돌아 갈까 어쩔까 머리가 뒤숭숭해질 때였다.

"하우 아 유? 엄마가 늦어서 미안하데요."

"노 프라블럼. 난 미세스 영자예요. 네가 루이구나."

엄마 이름은 소마리^{Somaree}. 외우기는 싫겠다, 소머리로. 갈색 피부에 주름진 눈매가 선해 보이는 여인이다. 매니저가 어련히 알아서 골라 줬을라고. 꼬마는 4학년이라는데 작아서 2학년인줄 알았다. 모녀가 이렇게 헤진 옷을 입고 있다니. 갈수록 감당 못 할 일만 벌어진다.

방 두 개에서 시아버지와 아이 둘, 그리고 소마리네 부부가 살고 있었다. 손님이 왔다고 속히 나가 펌프질을 하면서 저녁을 안치는 듯하다.

나보고는 밖에 나가서 산책이나 하고 오라고 한다. 그 자리에 있기가 멋쩍을 때 아기 보는 일이 제일 좋은 핑계거리다. 그런데 아기가 새록새록 자고 있어서 이마저도 못하고 일하는 모습을 지켜보았다.

내가 머물렀던 루이네 곁방

단촐한 부엌 모습

방안에서 등잔불을 켜는 노인의 솜씨가 어색했다. 어둑어둑한 부엌에서는 아궁이에다 장작불을 지피나보다. 나무 타는 내음이 좋다. 내가 아궁이 앞으로 바짝 다가가 타는 냄새를 맡으려니까 소마리가 살짝 웃는다. 웃는 모습이 정겹다. 이 여인을 보니까 심란했던 심사가 조금은 풀린다.

금세 저녁이라고 내 놓는데 어찌 할 바를 모르겠다. 입맛도 달아난 데다 뭔가 답답하니 말이다. 반찬이라야 간단했다. 조림 감자와 야채하고 푸석한 밥.

찬이 없다고 미안해하는 걸 겉으로는 편한 모습을 보여줘야겠기에 먹긴 먹는다만 입안에서 밥알이 성글다.

다 먹었을 즈음 서둘러 치우려는 눈치다. 전기대용으로 촛불하고 등잔을 쓰고 있는데 지급되는 양이 있어서 마냥 켜 놓을 수가 없단다. 연신 내 입 속에서 한숨이 터져 나왔다.

마치 타임머신을 타고 어딘가에 가 있는 기분이다. 아버지 만류를 뿌리치고 항해에 나선 로빈슨 크루소Robinson Crusoe의 심정이랄까. 그렇다면 여기가 어디일까. 배가 풍랑을 만나 닿은 무인도, 바로 이곳이 내가 묵을 베이스캠프다.

십사가르 AT RD 드란다 2번지 K 농장 3호.

밥보다 짜이밀크티를 더 마시는 사람들. 후식으로 내가 가지고 온 과자에다 짜이를 마셨다. 그런데 이건 차가 아니라 소금, 설탕물이다. 겨우 한 두 모금만 넘겼을 뿐이다.

얼굴이라도 닦고 싶은데 씻는 건 고사하고 어두워서 아무 일도 할 수가 없다, 자는 일 외에는. 첫날부터 등잔 빌려가며 요란 떨 수도 없고. 이럴 땐 그냥 잠이나 푹 들어버리면 좋겠는데. 평소에도 잠이 많지 않은 탓에 이런 날은 나 자신에게 속상하다. 잠자고 아침에 눈을 떠 눈부신 햇살이라도 비쳐주면 다시 희망으로 하루를 시작 할 텐데.

방안에서 나는 쿨쿨한 냄새 때문에 속까지 메스껍다. 메주를 띄울 때 나는 냄새. 구석에서 벌레라도 기어 나올까봐 찝찝하다. 내 몸이 근질근질해진다. 다행인 게 모기나 날 파리가 날아다니는 것 같지는 않다.

침대에 누워 있는데 벽과 천장에 도마뱀이 기어 다니고 있다. 내 앞으로 툭 떨어지지 않을까 조마조마하다. 무슨 동굴 속도 아니고 이런데 누워 있다는 것만도 나에게는 특종감이다.

그나저나 남의 안방을 차지했으니 바늘방석이다. 우리 속담에 '사람 위에 사람 없고 사람 밑에 사람 없다' 했는데 이건 아닌 거다. 기실 뭐가 뭔지 헷갈리고 있었다.

수천의 신이 지켜준다는 믿음의 땅에서 무슨 조화인지 모르겠다. 이럴 때 하쯔Haj, 아쌈 쌀 막걸리 한 사발 들이켰으면 좋으련만.

인기척 하나 없이 사방은 고요하다. 당당하게 떠나왔지만 속으로는 솔직히 무지 떨린다. 무섭기도 한데 겉으로만 용감한 척 하는 거다. 다행이도 같이 지낼 식구들이 진국 인 것 같아 그런대로 마음은 놓이는 편이다.

송아지만한 개 무리들

잠자리가 바뀌면 아무래도 잠을 설치게 된다. 그런데다 가축우리 같은 데 누워있으니까 오던 잠도 달아날 것만 같다. 그래도 사람 사는 곳인데 하면서 억지로 잠을 청해본다. 이리저리 뒤척거리다 깜빡 잠이 들었을 때였다.

내 살에 뭔가 닿는 게 느껴져 화들짝 놀라 일어났다. 도대체 뭐야. 으악, 하고 소리를 지를 뻔 했다. 순간 머리털이 곤두서고 가슴이 요동을 쳤다.

덩치가 송아지만한 개들이 무리지어 내 옆에 자면서 잠결에 꿈틀대고 있었던 것이다. 그렇잖아도 자리가 바뀌어 말초 신경까지 예민해지고 있던 차에 한동안 정신이 아찔하고 멍 했다.

호루라기 부는 것도 잊은 채. 호루라기란 여행 할 때면 으레 목에 걸고 있는 목걸이, 호신용이다. 나가라고 소리를 치니까 후다닥 튀어 나간다.

식은땀이 다 났다. 겉보기 그대로 가축 장에서 자는 꼴이었다. 개라면 우리 집 마당에서 키워 봐서 그리 놀랄 일은 아닌데 가축 무리들과 한 방을 쓰고 있다니 기가 막혔다. 낯선 곳에서 그것도 눈 한번 마주치지 않던 덩치가 큰 놈들이라 더 더욱 놀랬던 거다.

평소에는 잘 하지 않던, 나도 모르게 성호가 그어졌다. 호루라기는 액세서리로 달고 다니나, 정신은 아직도 완전 무장이 안 된 상태다. 그나마 치한이 아니고 동물이어서 다행이었다. 심장에서 두근대는 소리가 멈추질 않는다. 청심환 한 알 씹어 먹었다. 휴~. 십 년 감수!

언제 쯤 동이 트는지 알 수가 없어 답답하다. 눈을 감고 다시 잠을 억지로 청한 얼마 후였나 보다. 개 짖는 소리에 눈을 떠보니 벌써 모두들 일하러 나갔는지 아무도 안 보였다. 큰 개들이라 목청 또한 요란했다. 누가 알람 해 달랬나. 꼴도 보기 싫은 것들이다.

아침부터 머리가 지끈지끈한 게 영 개운하지가 않다. 뒷목이 뻣뻣하더니 제대로 돌아가지를 않는다. 깔개 없는 딱딱한 나무 침대 위에서 자서 그런가보다. 아님 놀래서 그런가.

밖으로 나가서 간단한 체조로 양 팔을 둥글게 돌려보고 목도 앞, 뒤, 옆으로 돌려 봤는데도 여전히 뻐근했다. 혹시 목에 이상이 있는 건 아닌가, 겁이 덜컥 났다. 일단 비상용으로 가지고 온 파스를 더덕더덕 붙이고 가만히 있어 봤다.

동물에 있는 진드기라도 옮겨 왔을까 봐 옷도 털어보고 피부도 만져보았다. 어디 가려운 데는 없나 하고. 엎친 격 덮친 격으로 피부병이라도 옮았을까 불안했다.

앞마당으로 나가 배낭 안에 들어있는 잡동사니를 다 꺼낸 다음 배낭을 거꾸로 세우고 탁탁 털었다. 난데없는 대청소에 지나가던 동네 아저씨가 빤히 쳐다보고 있다.

이렇게 자연을 끼고 있어도 몸은 기분에 따라 가나보다. 푸드득 하고 날개 짓하는 새들 외에는 모든 게 한적하다. 내 뒤를 따라 다니던 동네 꼬마 녀석들은 학교를 갔는지 보이지 않는다. 컹컹대는 소리가 자동 알람이 되는 곳, 나는 지금 여기에 서 있었다.

부엌 바닥에 쟁반이 놓여있다. 뭔가 하고 덮은 천을 들쳐보니 가슴이 짠하다. 어린이용 포크 한 개로 미루어 보아 나 먹으라고 준비해 놓은 식사다. 몸 상태가 안 좋으니까 먹고 싶지도 않다.

소마리는 이 자리에서 자고 나간 모양이다. 아무리 더워도 그렇지 찬 땅에서 자다니. 바닥은 자연 그대로 흙바닥이다. 나 한사람 때문에 공연히 여러 사람 고생시키나 본데 어서 여기를 벗어나는 게 도와주는 일이겠다.

화장실이 가고 싶어 바깥 뒤쪽으로 가고 있는데 마침 매니저가 집 앞으로 오고 있었다. 옳거니 간다고 해야지, 말 할 준비를 하고 있었다.

"하이 마담! 굿 모닝"

"간밤에 개들이 내 옆에서 자고 있어서 너무 놀랐어요."

"하하하! 여기는 다 그래요."

다 그렇다니. 아무렇지도 않게 말하는 게 더 밉살스럽다. 코를 킁킁거리고 있다.

"그럼 개들은 들여보내지 말라 할 게요."

내 눈치를 보더니 즉각 해결책을 제시 해준다. 그러나 이게 아닌데, 정작 할 말을 못하고 쭈뼛쭈뼛 하고 있는 사이, 고개 인사를 마친 매니저는 저만치 가고 있었다. 자리가 주어졌는데도 할 말을 못하는 나는 왜 이럴까. 무슨 미련이 남아 있어서.

내 뒷목에 붙인 파스에서 나는 냄새에 얼른 자리를 뜬 모양이다. 다시 부를 수도 없고 바보짓을 했으니 이제 이러지도 저러지도 못하는 형국이다.

인도에는 미친개가 많다고 들었다. 다시 자다가 개한테 물리지 말란 법이라도 있나. 광견병 예방 주사도 안 맞힌 개들인데. 생각할수록 머리가 흔들린다.

별안간 마음이 급해지는 게 당장이라도 짐 싸서 줄행랑 치고 싶어졌다. 이곳에 온지 고작 하루를 넘겼는데도 몇 달을 넘긴 기분이 든다. 그래도 하루만 더 있어 보라고 자존심이 부추기고 있었다. 이런 가운데서도 피식 웃음이 터져 나온다. 아기 예수님도 아니건만 내가 가축우리에 누워 있다니. 농장에서의 첫날밤은 개 무리들과 호되게 신고식을 치른 날로 기억될 거다.

정작 내가 끌리는

건 따로 있는데

       설마 이렇게까지 이들의 생활이 열악할 줄이야. 내 방 컴퓨터 앞에서 아쌈 정보를 찾을 때만해도 상상이나 했겠냐만.

  나가자니 체면이 말이 아니고 어쩐다. 이곳 농장에 와서 보니까 안솔리가 극구 말린 이유를 알겠다. 견뎌내지도 못 할 뿐더러 자기네 궁핍한 속살림을 외국인인 내가 알아 버리면 창피하니까. 지금쯤 친구도 내가 곧 돌아 올 거라 믿고 있을 거다. 어쩌면 나를 아쌈으로 초대한 것을 후회하고 있을지도 모른다.

  내 집에 있었을 때다. '차마고도' 다큐멘터리 채널을 고정시켜놓고 끝없이 펼쳐진 차밭 풍경에 푹 빠져 들었었다. 찻잎을 따는 여인들이 어쩜 그리 멋있게 보였는지. 이마에 맺힌 구슬땀에서 강인한 여성의 모습이 보였으니까. 나도 그곳에 가면 운동 대신 잎이나 설렁설렁 따면서 시간을 보내야지 했을 정도다.

  그랬던 내가 막상 현장에 있다 보니 12시 땡! 울리자 황금마차가 호박으로 변했을 때의 신데렐라 심정이었던 것이다. 아니, 한때 그렇게 예뻐 보이던 며느리가 어느 날 발뒤꿈치조차 보기 싫어진 시어머니 심통 같았다. 내 눈에 씌었던 콩깍지가 벗겨졌다고나할까.

그러니까 그렇게 힘들면 나가면 되잖아. 네가 무슨 페미니스트라도 돼? 아님 탐험가라도 돼? 자신에게 혼 줄을 내고 있었다.

관광 가이드가 알아서 다 해주는 패키지 관광, 오죽 좋아. 대학생도 아니고 왜 이런 고생을 사서 하는지. 누가 알아준다고.

내 머리를 쥐어박고 싶은 심정이었다. 잘난 척하고 싶었던 사람은 친구가 아니라 바로 나였던 것이다.

내 성격을 보면 생각보다 행동이 앞서는 돈키호테 타입의 O형이다. 때로는 결단력이 있어 좋을 때도 있지만 이번엔 대형 사고를 친 것이다. 무모한 짓이었다.

며칠 더 있어 봤자, 다. 이런데서 무슨 희망이 보일까. 더 큰일 벌어지기 전에 비장의 선택을 해야겠다. 떠나느냐 남느냐.

여기를 벗어나야겠다고 마음먹으니까 속이 다 후련해진다. 드디어 해방이다. 널어놓았던 빨래도 걷고 배낭에서 꺼내놨던 도구들을 주섬주섬 챙겨서 집어넣기 시작했다. 마음이 급해지니까 보글보글 끓인 라면 생각이 간절해진다. 먹고 싶은 게 줄줄이 생각이 나서 못 참겠다.

그러다 다음 순간 나의 이 안절부절 함을 호기심이 나서서 달래준다. 이 담에 마음 한켠에 후회가 들면 어떡하니. 그 때 차밭에서 좀 더 있다 올 걸, 하고 말이야. 나답지 않게 실시간으로 변덕이 죽 끓듯 하다. 이러니

'아줌마들이란 못 말려' 라는 소리를 듣지. 그러면서 지나온 일들이 주마등처럼 스쳐간다.

　인도를 여행하다 돌아오면 다시는 인도를 가나 봐라 하면서 작심에 작심을 거듭했었다. 고생 한 걸 생각하면 사진도 꺼내 보기 싫었다. 아이러니하게도 어느 순간부터인지 인도가 솔솔 그리워지기 시작했다. 허리춤에 차고 갔던 작은 전대 속에서 사용했던 기차표와 버스표가 나오니까 다시 마음이 그쪽으로 돌아서고 있었다.

　TV 다큐에서 지구촌 곳곳에 사는 여자들의 생활이 나오면 나도 저런데 가고 싶다 했다. 체력이 뒷받침 해줄 때 발로 뛰면서 땀 냄새가 물씬 나는 인간 탐험을 하고 싶었다.

　여기서도 눈 여겨 보아야할 특종감이 많다. 최고의 관심사는 천민들의 사는 모습을 관찰하는 거다. 그런데 겉으로 보이는 불편만 집착하고 고민하다 보니 하마터면 엑기스를 놓칠 뻔 했다. 이들 모습도 사람들의 삶이자 곧 여성들의 애환인데 말이다.

　다음은 유럽 명품이라는 아쌈 티에 관한 역사와 문화 정보를 얻는 일이다. 그리고 나의 초미의 관심사인 친구가 어떻게 천민에서 신분 상승이 됐는지, 이런 과거사가 조금은 풀릴 것이다. 자연스레 그녀의 인생 후편을 보는 재미도 흥미진진해지지 않을까.

　몸은 고생이지만 하고 싶은 일을 하는 지금이 훨씬 행복한 것 아닌가. 최선을 다 해 보는 거다. 나에게 당당하고 싶었다.

　아쌈 친구가 여행도 할 겸 자기네 집으로 오라고 할 때 떠나는 날까지 내 가슴은 뛰고 있었다. 그동안 나 홀로 여행은 수차례 해 봤어도 현지인 집에서 머무는 경우는 없었다. 대부분의 여행자들한테 이런 기회는 없다시피하다.

그들의 일상적인 문화를 보게 돼서 여느 여행 때보다 기다려졌다. 인도 지도를 끼고 살던 내게도 생소한 곳. 오지를 가고 싶은 나에게 아쌈은 로망이 되었고 어느덧 귀에 익은 도시가 되어 버렸다.

모두 친구 덕분이다. 그녀를 만나지 않았더라면 아쌈이란 곳은 한낱 인도 28개 주州 중 하나일 뿐으로 치부해버렸는지도 모른다. 내 마음은 짐 꾸리면서도 내내 부풀어 있었다.

사전 정보도 알아보고 선물도 사야겠고 발걸음이 동분서주 했다. 또 주부가 내 집 두고 몇 달 떠나 있으려니 밑반찬 준비해 놓으랴 다달이 돌아오는 공공요금 정리하랴 노모 설득해서 안심시키기 등등, 떠나기 전 날까지 부산했다.

이미 언급한 대로 국내에는 아쌈 주의 정보가 별로 없다. 인도 마니아들도 다른 주에는 빠삭해도 이곳에 대해서는 아는 상식이 없었다.

아쌈을 상징하는 모자 자피Japi

고작 론니플래닛Loney Planet 가이드 책이 전부다. 차에 관한 정보나 저서는 있지만 중국의 차나 보성 녹차 일색. 차 예찬, 차 사랑, 차 명상 책이 있지만 차 알리기에서 크게 벗어나지 않는다. 홍차 설명이라야 책 사이에 끼어서 구색을

꼴까따의 전경

갖추기 위해서 몇 쪽을 할
애하는 정도.

아쌈을 가려면 우선 차
편부터 간단하지가 않았
다. 어떤 교통편으로 가든
지 몇 번은 갈아타야 한
다. 동부 뱅갈Bengal주 꼴까
따Kolkata에서 아쌈 주 구와
하티Guwahati까지는 기차를 이용하고 싶었다. 델리에서 비행기도 있지만
사업차 가는 것도 아닌데 번거롭더라도 쉬며 가며 하고 싶었다. 그것 좀
편하자고 단번에 날아갈 수야 있나. 일단 아이디어는 야무졌다. 여행자다
웠다.

태국 돈 무왕 공항DMK에서 다시 갈아탄 비행기. 꼴까따에 무사히 도착
했지만 내린 시각은 그곳 시간으로 새벽 1시였다. 동 틀 때까지 기다렸다
가 터미널을 빠져 나갔다.

아쌈 구와하티 행 기차를 타려면 예매를 해야 하므로 적어도 하루는 머
물러야 한다. 구와하티 까지는 1시간 빠지는 하루가 걸린다. 그런데 이게
전부가 아니었다. 다시 구와하티에서 8시간 걸리는 버스를 타고 십사가
르Sibsagar까지 가야했다. 이곳이 친구가 사는 동네다.

인천에서 아쌈까지는 비행 항로로 40만 리, 1만6천km다. 하늘길 기찻
길 버스길로 꼬박 3일이 걸렸다. 시간상으로는 각각 비행기 9시간, 열차

가 23시간, 버스가 8시간이었다. 공항에서 1박, 꼴까따와 구와하티 숙소에서 각각 1박 했다.

돈 무왕 공항에서는 8시간을 기다렸는데 비행기가 불시에 지연되는 바람에 다시 또 10시간을 더 기다려야했다. 새벽에 꼴까따 공항에 내려 아무도 없는 터미널에서 혼자 움츠렸던 일. 여행길이 아니라 고행 길이었다. 알면서는 못 했을 거다. 무지가 용감했는지도. 내가 보기에도 나 자신, 어지간히 못말리는 아줌마다.

언제나 시작은 기대가 있기 마련. 설레는 마음이 없었다면 무거운 배낭을 낑낑대면서 고생을 사서 했을까 싶다.

'그래. 고래 심줄보다 질긴 줌마 정신으로 다시 시작하는거야.'
이렇게 마음을 다잡고 나의 차밭 생활은 다시 시작되었다.

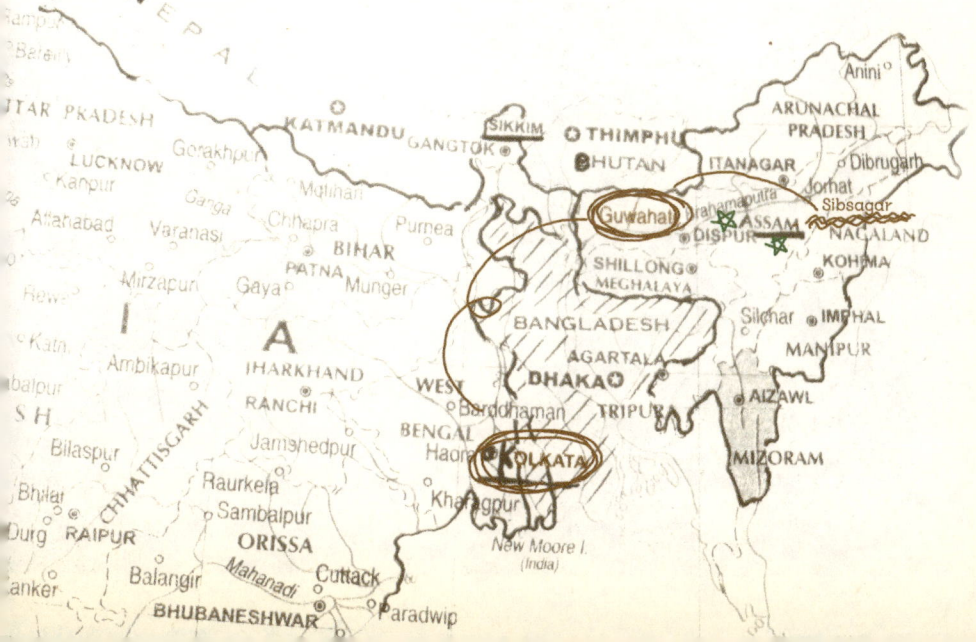

곁방살이

밥값 대신 찻잎

농장의 아침은 진풍경이 연출된다. 새벽부터 울어대는 온 동네 닭들 성화에 누워있을 수가 없다. 개나 닭들이 알람 기능을 대신한다. 동네 여인들은 아침식사 대용으로 짜이^{밀크티}를 마신 후 칫솔 대신 *님^{Neem} 가지로 이를 슥슥 닦은 후 집을 나선다.

이때 약속이나 한 듯 차밭을 향해 앞 사람 발걸음에 맞춰 따라가는 걸 볼 수 있다. 1970년대 한국의 농촌 새마을 운동 시절에 점심 싸들고 아침 일찍 부역 나가는 아낙네들의 모습이다.

루이 엄마하고 나는 어깨를 나란히 하고 그들 뒤로 따라 가다 픽, 하니 웃음이 삐져 나왔다. 내가 유치원 다닐

아침식사 대용 짜이^{밀크티}

님 나뭇가지

때 소풍 가는 날이 생각났기 때문이다. 두 줄로 서서 병아리 반 짝꿍이랑 손잡고 걸었던 기억이 난다. 그 때 이후로 이렇게 걸어보는 건 처음이다.

처음에는 차밭에 들어가는 것이 쉬운 일이 아니었다. 하루 이틀 있을 것도 아니고 밥값이라도 해야 되지 않겠나 싶어 찻잎이라도 따려고 했던 것이다. 노느니 염불한다고.

내가 세상에서 제일 싫어하는 뱀이 나온다는 소리를 언뜻 들은 이후로는 들어가기가 꺼려졌다. 정말 뱀이라도 밟을까봐 겁이 나서 고개를 내리 깔고 한 발짝씩 디디면서 조심조심 들어갔다. 부들부들 떨리고 진땀도 났다.

그런 나를 보면서 여인들이 깔깔댄다. 차나무에 뱀이 어디 있냐고 한다. 나무향이 강해서 벌레도 안 생기는, 사람과 친구도 될 수 있는 착한 나무를.

서로들 뭐라고 수다를 떠는지 까르르 웃다 눈을 흘기다가 한다. 덩달아 같이 웃어주면서 찻잎을 땄다. 한동안은 이들이 하는 말을 하나도 알아들을 수가 없었다. 우주인의 말을 듣는 것 같았다. 못 듣다 보니 내 입까지 반은 꿀 먹은 벙어리가 되는 듯했다.

답답하다 못해 내가 먼저 영어와 힌디 단어 몇 개를 섞어 상형문자 수준의 보디랭귀지로 다가가기 시작했다. 루이 맘은 그나마 나와 한 숟밥을 먹는다고 내 표정만 봐도 어느 정도는 알아차렸다.

* 님나무Neem Tree
서민들은 지금도 열대 나무인 님나무를 잘라 칫솔과 치약 대용으로 사용한다. 줄기와 봉숭아 잎을 닮은 잎에는 부패를 방지하는 성분이 들어있다.

웬만한 말을 알아들을 수 있게 되자 옆집 사는 모나 엄마는 틈만 나면 물어보는 게 많아졌다. 한국은 어디에 있냐는 둥, 남편 두고 왜 혼자 다니냐는 둥, 아쌈 사는 친구를 어떻게 알았냐는 둥.

아예 아시아 지도를 들고 다닐까 싶다. 누가 한국에 대해서 물어보면 대답 대신 지도를 쑥 들어 올리면 되니까. 보는 사람마다 묻는 게 같으니까 이젠 대답 해주기도 귀찮다.

잠시 쉬는 틈을 이용해 인도의 수도 델리나 *뭄바이Mumbay에 여행한 얘기를 해 주면 그렇게 좋아 할 수가 없었다. 옛날이야기로 대충 시간을 때우려고 했다. 이러니 자연스레 찻잎 따는 일은 뒷전이 되었다. 날 쳐다보는 눈들이 초롱초롱 해 지면서 입을 벌린 채 다물 줄을 모른다. 곧 침이라도 똑 떨어질 것 같다.

이 사람들은 아쌈 외에는 가 본 적이 없단다. 아쌈이 우리네 남한 만한데 다 가봤다면 이것도 대단한일이다. 자기들이 살고 있는 동네에서만 평생을 왔다 갔다 한 거다. 우리네 산간벽지 사람들에게 서울 이야기 해 주는 격이다. 듣는 중간에 뭐가 최고라는 건지 내 엄지손가락을 낚아채서는 치켜세운다.

이쯤 되면 나 역시도 어쩔 수 없다. 한껏 신바람이 나서 여행 보따리를 늘어놓는다. 남인도, 북인도의 최북단까지도 모자라 네팔, 티베트까지 올라가 버린다. 그럴 때마다 목소리가 제일 큰 모나 엄마는 손뼉을 치면서

*뭄바이Mumbay
중서부 해안 도시. 볼리우드Bollywood 영화 산업의 메카

우우 하며 이상한 추임새를 넣는다. 이들은 기분이 좋으면 아랫입술을 떨면서 탄성을 지르는 습관이 있다. 감탄의 표현이랄까.

친구에 관한 스토리는 여행에서 만나 친구가 되었다는 것까지만 이야기해 줬다. 이것만으로도 어머머머! 하면서 부러워서 시끌벅적하다. 차마 대학교수가 돼서 너무 잘 살고 있는 작금의 상황을 말해 줄 수가 없었다. 평생을 이곳에다 몸을 담고 사는 여인들한테 이런 대박의 성공담은 잔인한 것 같아서다. 친구의 성(姓)이 천민인 소노왈이란 것도 모른다.

그날그날 찻잎의 양을 채우지 못하는 날에는 일당도 그만큼 줄어드는데 신선놀음에 도끼 자루 썩는다고 노는 날이 많아졌다. 이럴 때면 내 속은 조마조마 해지는데도 설마 산 입에 거미줄 치겠냐고 오히려 여인네들이 걱정 말라고 큰 소리 친다.

"용자 마담 더 얘기 해 주세요."
"그만하고 우리 일하자."
"일요? 하루 정도는 괜찮아요. 호호호."
"매니저가 보면 나보고 나가라고 해."
매니저 구실을 대니까 금세 입들을 꾹 다문다. 다행이다. 작은 일상에도 희희낙락 하는 이들에게 차밭은 곧 놀이터였다.

노는 재미가 쏠쏠하다. 언뜻 보기에는 피크닉이라도 나온 듯 낭만적인 풍경이다. 집까지는 10분 정도 걸어야 하니까 아침에 나올 때 아예 도시

락하고 짜이 통을 들고 나온다. 때가 되니까 여인들은 삼삼오오 퍼질러 앉아 도시락을 까먹으면서 잠시나마 시름을 걷어 낸다. 곁다리 끼어서 얻어먹는 맛, 꿀맛이었다. 빈약한 점심이지만 청명한 하늘과 따스한 햇살, 싱그러운 티 향과 더불어 제왕의 성찬 못지않다.

후식으로는 짜이와 쿠키. 이들은 내가 따라 주는 짜이를 아주 좋아한다. 그럴수록 나도 오래전 다방 종업원 역할을 톡톡히 잘 해내고 있었다. 차를 따를 때면 컵에다 살살 부면서 7부 정도에서 딱 멈췄다. 이런 나를 보고 어떻게 그 선에서 멈추냐고 신기하단다. 별걸 다 가지고 감동을 하

고 있다.

곁들여서 먹는 쿠키는 언제나 내 담당이었다. 동네 구멍가게에서 미리 사 두었다가 조금씩 들고 나왔다.

이들은 이러다 순간 졸음이 쏟아지면 먹던 과자도 내던지고 나무에 기대거나 풀 바닥에 누워 눈을 붙인다. 다들 식곤증으로 누워 자는 걸 보고 있으니까 하나같이 가관이었다. 마치 영화에 한 장면, 전쟁터 패잔병들을 보는 듯하다. 잠이 별로 없는 나는 머리만 대면 잠드는 이들이 부러웠다. 잠시나마 맛나게 자는 토막잠이 꿀잠일거다. 행복이 별 건가 싶다. 나도 푹신푹신한 바닥에 팔베개하고 누워 잠시 눈을 감아본다.

급한 볼일은 우거진 나무속에서 적당히 해결하면 된다. 한 두 번은 눈치가 보였지만 몇 번 해보니까 이렇게 편할 수가 없다. 지린내도 안 나고 밀폐된 공간이 아닌, 자연 친화적인 화장실이다.

차나무가 화장실 주위를 철통같이 막고 있으니까 찻잎에서 나는 그윽한 향기가 솔솔 퍼진다. 엉덩이를 까고 있어도 여자들끼리니까 아무 거리낌도 없었다. 찻잎 따는 그 자리에서 이일 저일 하니까 일거양득, 작업 능률도 높아졌다.

이들의 하루 일당이 50루피^{약 1300원}니까 내 일당은 30루피 정도로 쳐주면 되지 않을까. 아침은 쿠키로 때우고 두 끼는 밥을 먹는다고 할 때, 한 끼 식사비를 대략 10루피로 계산하면 밥값으로 본전치기는 하는 셈이다. 그럼 방 값으로는 뭘 해보나…….

가만있어보자. 오늘은 일도하고 지리 공부도 시켜주고 기쁨조까지 몇

가지 몫을 했으니까 두 배로 계산 해 달라고 해야지. 한국보다 돈 벌기 힘
드네.

1 2 3
1 길바닥에서 신문 파는 모습
2 극장 매표소(매표문의 공작
  무늬는 인도의 나라새)
3 천연 염색 가게

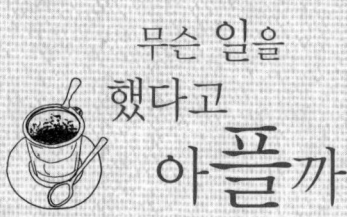

무슨 일을 했다고 아플까

　　아침부터 머리가 띵하다. 루이 엄마한테 하루 쉰다고 그냥 놀고먹기로 했다. 빨래도 할 거 없겠다 간만에 다이어리나 적어야겠다. 나갔다 저녁 때 돌아오면 그때는 이미 어두워진 뒤라 씻고 자기 바쁘다. 모처럼 노트를 펴는데 눈앞이 가물가물하고 어지럽다.

　　몇 자 적다 말고 바람이나 쐬려고 밖에 나가 이집 저집 갸우뚱거려봤다. 비어 있는 집이 대부분이고 그나마 안에 있는 사람들은 노인이나 어린이, 아기들뿐이다. 어슬렁거리다가 사당을 기웃거려보기도 했다.

　　내가 원해서 여기를 왔다만 물설고 낯선 곳에 와서 뭐하는 건지 한심하다는 생각이 든다. 등줄기에 식은땀이 나고 기분도 우울하다.

　　몸살기가 있는 것 같아 조금 전에 약을 먹었는데도 아직은 차도가 없다. 불안하다. 혼자 여행 할 때 아프면 큰일이다. 자기 전에 아프지만 않게 해달라고 극진히 기도를 하고 있는데 주님도 급할 때 찾으니까 약발이 안 먹히나보다.

좋아지겠지 하며 나무 그늘에 앉아 쉬고 있었다. 그런데, 아니! 이건 뭐지. 우연히 팔을 보는데 붉어진 반점이 군데군데 눈에 띄었다. 아기들 홍역 앓을 때 피부에 나는 그런 거였다. 겁이 더럭 났다.

열도 나고 피부에 이상 있는 게 혹시 무슨 전염병이라도 옮은 게 아닐까. 안절부절 해진다. 진작 떠날 걸, 가지 않고 이 꼴을 보고 있다니. 별 생각이 다 들기 시작했다.

나가랜드의 말라리아 경고 표지판

아프리카에 가려면 의무적으로 정부에서 지정한 황열병 주사를 맞아야 한다. 그러나 인도는 그럴 일도 없는데 도대체 이게 무슨 신호람. 잘 못 먹은 것도 없겠다 혹시 말라리아라도 걸린 게 아닐까. 제발 이것만 아니었으면.

아쌈 친구 안솔리네 집을 처음 방문 했을 때다. 내가 사용할 방에 놓여 있는 침대를 보고 기분이 썩 좋았다. 침대 위로 핑크빛 모기장이 네 면 전체에 둘러쳐져있어 마치 오로라 공주 방 인양 착각이 들었기 때문이다.

2007년 여름, 아쌈에 말라리아 사망자가 생겼다는 TV 뉴스를 접했었다. 친구한테 이런 소식을 전해주니까 사실이란다.

이곳에 오니까 모기장은커녕 모기도 안 보인다. 루이 엄마한테 물어보니까 진흙으로 지은 집들은 모기가 별로 없단다. 거기다 차밭의 향이 강해서 벌레도 보기 드물단다.

그런데 친구네 집은 왜 침대마다 모기장을 쳤냐고 했더니 현대식 벽돌로 지은, 소위 잘사는 집들은 모기가 많다고 해서 웃은 일이 있다.

침대에 누워 있는데 블라우스가 젖을 정도로 식은땀이 난다. 몸이 으슬으슬 떨리고 점점 땅 속으로 가라앉는 기분이다. 황천길이라도 가는가 싶은데도 사람을 부를 기운조차 없다. 루이 엄마가 들어오려면 저녁이 돼야 하는데 그때까지 기도나 하면서 버티어 보련다. 하나님 제발 낫게 해 주세요. 손가락으로 한 번 두 번 묵주 신공을 바치고 있었다.

하늘에 계신 우리 아버지 아버지의 이름이 거룩히 빛나시며.......

엄마 얼굴이 가물가물 스친다.

"엄마.......아"

눈앞이 희미했다. 웅성 웅성대는 소리가 들렸다. 누군가 내 손을 꼭 잡고 있고 사람들이 제대로 보이기 시작했다. 점점 누군지 확실해졌다. 루이 엄마는 훌쩍 거리고 있었고 루이도 보이고 옆집 사는 모나 엄마도, 동네 어른들도 보였다. 매니저까지도. 이마에는 물수건이 놓여 있었다. 어떻게 된 일일까. 기억이 없다.

"마담, 이제 좀 괜찮으세요?"

매니저가 애처로운 얼굴을 하고는 묻는다. 예, 하고 대답은 하는데 여전히 기운이 없다.

루이 엄마한테 뭐라고 지시하는 듯 하더니 나간다.

그녀가 두 팔로 나를 일으켰다. 손수 쑤어 온 닭죽을 한 스푼 씩 먹여주는데 차차 기운이 나는 것 같다.

밖에서 불러들인 의사가 왕진까지 왔다 갔단다. 전염병에 걸린 건 아니고 감기 증세란다. 의사가 왔다 간 걸 환자인 내가 몰랐을 정도면 반은 죽음이라는 얘기인데 그렇다면 이승과 저승을 오락가락 한 거다.

"언니 미안해요. 내가 무관심했던 것 같아요."

"울긴. 어떻게 된 거야?"

루이 엄마가 다시 눈물을 찔끔거린다. 물수건으로 내 이마를 닦아주면서 살갑게 살피고 있었다.

저녁때 들어와서 보니까 내가 침대에 누워있어서 자고만 있는 줄 알았단다. 저녁을 먹으라고 흔드는데도 깨어나질 않더란다. 놀래서 급히 매니저를 찾아 갔단다. 이래서 의사가 오고 생난리가 났던 모양이다. 낮에 차도가 없어서 약을 몇 알 더 복용한 거 외에는 먹은 게 없다. 다들 놀랐겠다.

듣고 보니 나 또한 놀랄 일이다. 약을 많이 먹은 것도 아닌데 오랫동안 못 깨어나다니 언뜻 이해가 안 갔다. 약에 수면제라도 넣었나. 모든 약은 한국에서 제조해온 약이다.

"고마워, 내가 벌써 떠났어야 했는데 미안하다."

1 2 3
1 보리로 만든 난
2 약용 바나나 말복Movok (미친개에게
   물렸을 때 사용)
3 무리.Muri (여러 종류의 콩과 양파를
   튀긴 쌀에 섞어 먹는 길거리 간식)

"지금 가시면 안 돼요. 매니저한테 혼나요."

"무슨 소리야?"

"언니가 아프면 자기가 곤란해진다고 나 보고 잘 돌보래요."

그 놈이 내 핑계 대고 뭐라고 엄포를 났을까. 내가 여기 오게끔 소개해 준 사람과 뭐가 있긴 있나보다.

"고마워 소마리. 나 이제 안 아파."

처음으로 이름을 불렀다. 그녀도 이제 안심이 되는지 시익 웃는다. 꼬옥 껴안아 주었다. 그녀의 따뜻한 가슴이 전해지는 듯하다. 매니저가 자기 집 식구들 대하는 게 전보다 다정해졌다고, 여러 모로 내가 와 있어서 좋단다.

나를 언니라고 부른다. 살가운 동생아, 좀만 더 신세지마. 루이네 때문에라도 떠나기는 글렀다. 정에 약하면 결단력도 흐려진다. 곰곰이 생각해 보니까 내가 더 그녀에게 정을 주고 있는 것 같다.

침대 위에는 어디서 구해 왔는지 두꺼운 이불이 두 채나 놓여 있다. 소마리는 나 때문에 분주하다. 연신 짜이를 마시라고 준다. 뜨거운 물을 가득 담은 주전자도 옆에 놓여있었다.

모나 엄마도 내가 '난보리로 구운 빵'을 좋아하는 줄 알고 두툼하게 갓 구워 낸 난 세 판을 접시에 담아 침대 옆에 놓고 갔다. 때 아닌 호사다.

점점 기운이 돌아오고 있었다. 단순 감기였다니 다행이다. 팔에 생겼던 반점도 서서히 희미해졌다. 그럼 그 반점은 열이 많이 오를 때 솟아오른 열꽃이었나. 뭘 했다고 병이 났는지. 이곳에 적응할만하니까 긴장이 풀렸겠지.

　'나의 하나님이시여 정말 감사합니다.' 특히 소마리한테 고맙다.

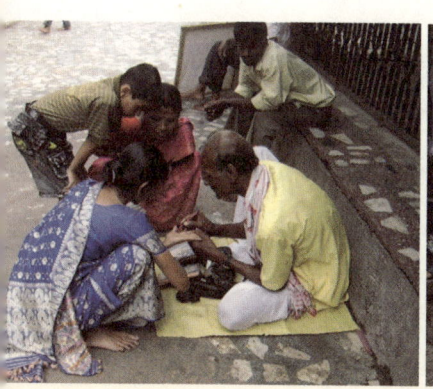

손금보는 관상쟁이 ∣ 질기 저금통과 그릇들

루이네 뒷집
모나 아빠는 나쁜 남자

여인들이 비오는 날이나 흐린 날은 차밭으로 나가지 않고 다른 일을 한다. 청명한 날이나 찻잎을 따기 때문이다. 오늘은 하늘이 잔뜩 흐려 있다. 루이 엄마는 밀린 일을 하고 있고 나는 일기를 쓰고 있었다.

어디선가 우당탕탕 시끄러운 소리가 들려왔다. 어디서 나는 소린가 했더니 뒷집에서 나는 소리였다. 남자의 고래고래 소리 지르는 음성과 가냘픈 여자의 음성이 조용한 동네에 울려 퍼지고 있었다. 아침부터 웬 난리람. 부부싸움을 하나. 모나 엄마 표정을 살피니 무덤덤하다.

"무슨 소리야? 물건 때려 부수는 소리 같은데?"

"모나 아빠가 술에 취하면 집안 도구들을 때려 부숴요."

저런!

부술 가재도구나 있나 하고 나 혼자 구시렁대고 있는데 사색이 된 얼굴의 모나 엄마가 루이네로 뛰어 들어오더니 내 뒤로 후다닥 숨는다. 어떨결에 일어난 일이라 다이어리를 손에 든 채 양팔로 내 뒤에 있는 그녀를 감쌌다.

곧이어 식식대는 소리가 들려왔다. 얼굴이 벌겋게 달아오른 모나 아빠가 오더니 내 앞에서 눈을 부라리며 비틀대고 서 있다. 밤새 술에 찌들려 동공이 풀린 상태다.

모나 엄마를 칠듯하다가 나를 보더니 주춤한다. 순간 맞을까봐 두려웠지만 내 몸은 꼿꼿이 서 있었다. '그래 이놈아 차라리 날 쳐라' 나도 모르게 어느 새 양쪽 손에 주먹을 불끈 쥐고 있었다.

내 기에 질렸는지 뭐라고 소리를 고래고래 지르면서 나간다. 그녀는 계속 부들부들 떨고 있다. 그러더니 이내 엉엉, 참던 울음을 터트린다.

에그, 쯧쯧쯧!

주사가 있어 허구 헌 날 이렇게 생난리란다. 나한테도 싹싹하니 상냥한 모나 엄마다. 어느 날 차밭에서 보니까 눈가에 멍이 들어 있어서 이상하다 했다. 걸핏하면 남편에게 맞는 게 밥 먹듯 하다니.

"오늘은 용자 마담 때문에 안 맞아서 다행이에요."

이거야 원, 내가 여직 이곳에 눌러 있다는 데 대해서 모처럼 뿌듯해진다. 그 동안 얼마나 자주 맞았으면 '오늘은 다행'이라고 하는지. 저러다 불구라도 되면 어쩌라고. 친정 부모님께서 보시면 억장이 무너지겠다. 맞을 때마다 그럭저럭 대충 넘어가 버릇하면 안 되는데.

진정하고 있으라 하고 얼른 펌프 물을 한 사발 떠다 주었다. 꿀꺽꿀꺽 마시더니 천장이 내려앉을 정도로 한숨을 푹 쉰다. 다시 눈물을 찔끔거린다.

잠시 후, 그녀의 심정이 조금은 누그러진 것 같아 물어 봤다. 루이 아빠가 술 안 마실 때도 난리를 치냐고. 그렇지 않단다. 아주 새색시처럼 얌전

하단다.

"모나 엄마, 친정 부모님이나 오빠 안 계셔?"

"부모님은 돌아가셨고 여동생이 있어요."

"이런 일이 생겼을 때 남편 몰래 피신 할 때 없어?"

"그게 무슨 말예요?"

아무도 없으니까 업신여기고 더 손찌검을 하는 것 같다. 아까 모나 엄마를 치려고 할 때 손모가지를 부러뜨려 놀 걸.

매 맞는 여성을 위한 '한국여성의 전화Korea Women's Hotline'. 우리나라는 1983년 5월에 문을 열었다. 창단인의 한 사람으로 내가 상담원으로 일했던 초창기만 해도 하루에 30통 이상 전화가 걸려 왔었다.

이 중에 '남편이 술에 취해서 저를 때려요. 어떡하면 좋아요', 하는 구원의 전화가 전체의 40%를 차지 할 정도로 심각했다. 이런 남자들의 평소 태도를 보면 모나 아빠처럼 지극히 정상이다. 바로 이점이 함정이다. 술이 죄라는 둥, 단순히 원인을 술로 돌리기 때문이다. 맞고 사는 여성들을 보면 처음에는 산다 안 산다 하다가 자식들 때문에도 그냥 살게 된다. 나가봤자 갈 데가 없고 수중에 갖고 있는 돈도 없다. 주위에 쳐다보는 눈들 또한 곱지가 않다. 시간이 지나면 나아지겠지 하다, 점점 매 맞는 데 익숙해져간다. 그러다 보면 때리는 남자나 맞는 여자나 마치 정상인처럼 착각이 들게 된다.

대부분의 사람들은 이런 문제가 불거져 나올 때마다 남의 집 안방에서 일어나는 사생활로 치부해버리기 일쑤다. 요즘은 안 살면 그만이지만 몇 년 전까지만 해도 팔자소관이려니, 하고 꾹꾹 참았던 시절이 있었다.

이 기관이 개설했을 당시 사회적으로 큰 파장을 일으켰다. 이렇게 맞는 여성이 많을 줄 몰랐던 것이다. 그동안 쉬쉬했던 안방의 비리가 드러나기 시작했다.

혹자는 이렇게도 말한다. 남자가 때리면 같이 때리라고. 왜 맞고 사냐고. 여자가 남자보다 힘이 더 세면 그럴 수도 있겠다. 그러나 아무리 합당한 이유가 있더라도 힘으로 해결하려는 방법은 절대 안 된다. 남성 권위주의의 부산물이다. 어떠한 폭력도 정당화하면 안 된다. 습관성 폭력도 일종의 정신질환이다.

인도라고 여성 인권 문제를 연구하는 단체나 기관이 없겠나. 정치나 종파를 떠나서 전국에 1000개가 넘는다는 통계가 있다. 중앙 정부와도 멀리 떨어진 아쌈 주[州], 여기서도 통제구역인 차 농장은 인권에는 철저히 격리된 소외지역이다.

2005년 인도 농촌 여성의 문맹률이 87%다. 루이 엄마 말이 여기는 초등학교만 나온 여인들마저도 얼마 안 된다고 한다. 여성일수록 배워야 하고 스스로 깨우칠 수밖에는 도리가 없지만 누가 나서서 고양이 목에 방울을 달아 주겠나. 보호 기관에서도 손쓰기가 쉽지 않는, 행정의 사각지대이다.

폭력 어른이 있는 집은 아이들도 폭력 어른으로 된다. 대물림되기 때문이다. 모나 네도 장차 모나가 걱정이다. 술 취한 아빠가 힘없는 엄마 때리고 가재도구 부시는 것만 보고 자라니.

평소에 차밭에서 수다 여왕하면 모나 엄마다. 한 번 말을 꺼냈다 하면 끝 날 줄을 모른다. 거기다 목청도 엄청 크다. 지치지도 않는지 왈왈 떠들 때면 정신이 하나 없었다. 이럴 때면 내 머리까지 어지러워 그녀를 피해 멀리서 찻잎을 딴 적이 한 두 번이 아니다.

이런 사정을 알았더라면 그냥 들어주고만 있을 걸 그랬나. 그녀 나름대로 스트레스를 풀어보려고 했던 것인데.

지금 그녀한테 뭐라고 위로를 해 주어야 할까. 남편 술 먹지 못하게 하라, 아님 그냥 맞고 살아, 할 수도 없고. 그렇다고 헤어지라고 할 수는 더욱이 못한다. 딱히 의지할 때도 없는 것 같았다. 겨우 내가 해 줄 수 있는 말,

"남편이 때릴라 치면 얼른 도망 가. 일단 순간만은 모면하라고. 그래야 덜 맞지."

이곳 농장에도 여성의 전화가 있어야 할 것 같다. 그나마 비치 돼 있는 전화 한 대도 매니저 사무실에 있으니 이런 벽촌에서 어느 세월에 구원의 전화가 들어올까 막막할 뿐이다.

1 2 3
1 말린 소똥으로 쌓은 담장
2 초등학교 교실 풍경
3 짐을 진 인도 여인

모나네 앞집 루이 엄마는 천사표

모나네 하고 루이네를 보면 어쩜 이렇게 아래윗집이 차이가 나는지 모르겠다. 모나 엄마가 루이 엄마보다 2살이 위다. 그런데도 평소 두 사람의 태도를 보면 루이 엄마가 언니 같다.

루이 엄마, 이름은 소마리 티이 Somaree Thea.

"소마리, 이름이 그게 뭐야? 차라리 '소머리'로 해."

"소머리가 뭐예요?"

"인도 사람들이 가장 숭배하는 소의 머리를 말하지."

"네에? 그렇다면 함부로 부를 수 없지요."

"그럼 소마리는 무슨 뜻인데?"

"저 어렸을 때 외할머니가 지어주신 이름인데 '천사'라는 뜻이 있데요."

"엔젤이라고? 어쩜 이름이 자기랑 똑! 닮을 수가. 외할머니가 뭘 볼 줄 아시나봐?"

"대단하신 분이예요. 루이 아빠 관상을 보더니 무조건 결혼하라고 했거든요."

"그런데 내 이름을 왜 용자라고 부르지? 영자라고 몇 번을 가르쳐 줬는

강가의 꼬이보따족 여인들

데도.”

"용자하고 같은 이름 아녜요?"

"아니야. 전혀 틀려. 부르기 나쁘면 오월이라고 해.”

"오어얼요?"

"아니, 오! 월! 이것도 어려우면 차라리 메이(May)라고 해라. 한국말로 오월이거든. 메이가 무슨 뜻인지 알아?”

"그럼요. 목사님 댁에 있는 까만 개 이름이 메이잖아요."

그녀의 친정아버지는 차밭 원주민이 아니다. 족보는 '꼬이보따 Koyiborta 족'이라고 강가에 사는 어부를 일컫는 말이다. 고기 잡는 일만이 유일한 생계 수단이다. 아주 낮춘 말로는 '덤^{Dum}족' 이라고 한다.

루이 엄마가 집안 형편 때문에 초등학교만 졸업하고 가사 일을 돕고 있을 때였다. 어느 날 동네 아줌마가 중신을 선다기에 싫다고 안 본다고 했는데 부모님 성화에 못 이겨 한번 만났다.

처음으로 만나 본 지금의 루이 아빠가 당시에는 그다지 마음에 들지 않았다. 다만 성실하다는 것 하나로 양 쪽 집안에서 서둘러서 결혼까지 하게 된 것이다.

'정말 잘 했지 뭐야. 뒷집의 모나 아빠를 봐봐.'

그래도 자기는 배웠다고 이곳에 사는 여인들 중에 초등학교 출신이 얼마 안 된다고 자랑 삼아 얘기한다. 자랑할 만하다. 영어를 구사하는 것을 보면 대학 졸업한 나보다 나니까.

17살이 되던 봄에 이곳으로 시집 왔으니까 그동안의 고생이 불 보듯 뻔하다. 그녀가 시집오는 날, 날씨가 화창하더란다. 첫날부터 '시와 신$^{Siva, 힌}$ $^{두교 3대 신 중의 하나}$'이 지켜주셔서 그렇다나. 덕분에 식구들도 다 건강하단다. 첫날의 이야기를 하면서 볼이 살짝 발그레해진다.

그러니까 현재 나이는 서른살이 채 안 됐다. 한국에서 여자 나이가 그 정도면 아이를 갖기는커녕 결혼도 안할 나이다. 루이 엄마는 아이 둘의 엄마이자 부인이자 며느리다.

인도에 오기 며칠 전에 용돈 더 달라고 짜증 부리던 내 딸이 생각났다. 그 애도 서른이다.

루이 아빠 조상은 '티이족$^{Thea\ Tribes}$'. 오직 차밭 일만 해야 하는 이곳의 토종이다. 족보 얘기가 나오니까 친구 소노왈^{Sonowal}의 성^{姓}이 생각났다. 기회가 오면 물어 보려고 했던 거다.

"차밭 조상 중에 소노왈이란 족보 있어?"
"네 있어요. 그런데 그 성을 어떻게 아세요?"
갑자기 내 속이 뜨끔했다.
"애초에는 여기 조상이 아니었어요."
그러니까 소노왈이란 성은 개량종이란다.
이들 후예들은 다른 사업을 하는 사람들이 많단다. 친구의 과거를 조금
은 알 것 같다.
친구 얘기가 나오니까 그녀에게 전화가 하고 싶어졌다. 전기가 들어오
거나 전화가 가능한 곳은 매니저 숙소뿐이다. 그렇다고 굳이 그곳까지 가
서 걸고 싶지는 않다.
루이네를 봐서라도 매니저에게 편하게 대해줘야 하는데 이것만은 왜 잘
안 되는지 모르겠다. 그 사람만 생각하면 목에 걸린 가시처럼 껄끄럽다.

바지런한 여인, 소마리.
디카가 내 가방 속에서 자고 있은 지 여러 날이 지났다. 나갔다 집에 들
어오는 루이 엄마한테 디카 충전을 부탁했다. 말 떨어지기가 무섭게 속히
매니저 숙소로 뛰어간다. 지금 충전하고 있으니까 우선 하나라도 사용하
라고 건전지를 내민다.
고마워서 디카를 들이대고 한 장 찍어 주마하고 나 쪽을 쳐다보라고 했
다. 그녀는 나랑 같이 찍자며 한사코 고개를 흔드는 걸 그냥 찰칵! 해버렸

다. 액정 화면을 보여주니까 아이들처럼 기뻐한다. 화면속에서도 맑은 웃음이 들어있다.

부탁 한 김에 한 가지 더 요구했다. 그동안 눈치가 보여 말을 꺼내지 못한 거다. 시장가서 레몬하고 오이를 사다 달라고 했다. '럼^{Rum, 서민들이 마시는 술의 일종} 한 병하고. 용도가 화장품에 쓸 대용품이라는 걸 대뜸 알아차리고는 루이 아빠한테 말 한단다. 그리고는 '걱정하지 마세요' 한다.

부탁한 일을 들어주면서도 낯 찡그리는 걸 못 봤다. 맞고 사는 모나 엄마한테 잘 해주는 걸 보면 마음 근본이 따듯한 여자다. 그동안 모나 엄마를 보면 슬슬 피했던 게 미안하다. 마치 내가 그녀한테 모질게 굴기라도 한 것처럼.

성경의 고린도전서 13장에 나오는

> *사랑은 오래 참고 사랑은 온유하며 투기하는 자가 되지*
> *아니하며 사랑은 자랑하지 아니하며 교만하지 아니하며…….*

힌두교 경전에도 이런 구절이 있는지는 모르겠다. 그녀는 마치 몸소 실천하는 '아쌈의 마더 테레사' 라고나 할까.

루이 아빠 역시 속이 아주 깊은 사람이다. 나 때문에 불편한 잠자리에도 싫은 내색 하나 없었다. 방 하나를 독차지하고 있는 내가, 루이 네한테 미안하다고 다시 보따리까지 싸놓고는 이제는 언제 그랬냐는 듯 무덤덤해지고 있었다. 아니 뻔뻔해지고 있는 거다.

　그녀 핑계 대고 내가 더 눌러 있으려는 건 아닌지. 비록 루이 엄마의 외할머니를 안 만났어도 내 자신의 운을 알 것 같다. 시와 신한테 감사는 루이 엄마가 할 게 아니라 오히려 내가 해야 할 듯.

효리 몸매
포기 할까 보다

늘 식욕이 왕성했던 내가 일주일 전부터인가, 믿기지 않은 일이 생겼다. 입맛이 없는 거였다. 할 수 없이 먹긴 먹는다만 그만큼 기운도 없다. 차밭에서 쉬고 있는 시간도 많아졌다. 그렇다면 시름시름 하는 게 영양실조는 아닌가. 아프리카 어떤 나라에 온 것도 아니고 못 먹어서 걸린 병이라면 누가 믿겠나. 자가진단 치고는 내가 생각해도 어이가 없다.

자전거에 라씨를 싣고 가는 풍경

한국에서는 그렇게 빠지지 않던 허리살이 여기오니까 빠지고 있었다. 손으로 잡히는 게 별로 없다. 이런 일이 다 있다니. 갈수록 두툼해지는 허리를 주체 못하던 나로서는 신선한 충격이 아닐 수 없다. 빠져봐야 2kg이나 3kg일 터. 엉뚱하게도 '효리 몸매'를 떠올리면서 좋아서 나 혼자 히히 웃고 다녔다. 몸도 가볍지만 기분도 날아갈 것 같다.

배낭 속을 뒤져 몸에 착 달라붙는 티셔츠와 꼭 껴서 못 입고 쑤셔 두었던 청바지를 꺼내 입었다. 내 집 같으면 저울 바늘이 고장 날 정도로 저울대 위를 오르락내리락 했을 거다. 그런데 이게 웬걸, 살 빠졌다고 마냥 좋아할 일만도 아니었다.

갈수록 김치, 깍두기가 먹고 싶고 된장찌개가 그리워지는 것이었다.

그러더니 어느 날인가는 김치가 꿈에서도 보였다. 그러니까 영양실조가 아니라 상사병인가 보다. 평소 김치라면 어깨에 지고는 못 가도 먹고는 가는 신토불이 식성인지라 가끔 놀림도 받았던 나다. 어쩐지 오래 견딘다 했다.

음식 때문에 여행하다 말고 집으로 되돌아 간 사람도 있다는 말이 괜한 얘기가 아니었다. 오죽하면 운동선수들이 해외 나갈 때면 김치도 따라 간다 할까.

김치를 담아 볼까하는 생각이 퍼뜩 떠올랐다. 그런데 아직까지 배추를 본 일이 없다. 가만있어보자. 시장 갔을 때를 생각하니까 양배추는 봤던 기억이 난다. 그렇다고 되나, 필요한 양념이 한두 가지가 아닌데.

바쁜 루이 엄마에게 이런 번거로운 말을 해도 되는지 생각 좀 해봐야겠다. 내가 조리한다 해도 남의 부엌인데 허락은 받아야 되겠기에.

이들과 같이 식사를 해보니까 아쌈의 음식문화는 인도의 다른 주 보다는 오히려 우리네와 비슷한 면이 많다. 이 사람들도 주식은 밥이다. 그런데 조리 방법에서 차이가 난다.

잡곡은 전혀 없이 쌀만 가지고 뚜껑을 열어 놓은 채 끓인다. 물 양을 우리보다 많이 해서 한참 끓을 때 주걱으로 죽 쑤듯이 하다가 아까운 밥물을 딸아 버린다. 그런 다음 한 번 더 끓여내면 까실까실 해져서 불으면 날라 갈 밥이 되는 것이다.

이런 것도 밥이라고.

루이 엄마가 밥을 안치고 있을 때다.

"끓을 때 밥물 말이야, 이거 따라 버리지 말고 가만 나 둬."

"안 그러면 밥이 질어 못 먹어요."

"물을 조금만 부우면 되잖아. 밥물이 사람 몸에 좋아. 젖이 부족한 엄마들이 모유 대신 갓 난 아기한테 준적도 있거든."

그녀는 고개를 내젓는다. 밥물이 안 좋다니……. 뽀얗고 걸쭉한 게 진짜 엑기스 인데.

이들은 아침에 간단히 짜이^{tea}하고 피타^{Pitha, 비스킷}를 먹은 다음, 점심은 2시간 후에. 저녁때도 먼저 간식을 먹은 뒤 10시 경에 식사를 마치고 나면 곧 바로 자는 버릇이 있다.

오랫동안 영국 식민지 영향으로 식사 전에 마시는 티 브레이크^{Tea break} 문화가 이어지고 있는 것이다. 후식도 과일보다는 달작 지근한 스위트^{과자}를 먹는다. 달고 가공된 음식을 선호한다. 그런데다 인도 음식이라는 게

자연 조리법인 생야채 요리가 별로 없다. 기름에 튀기거나 삶든지 아님 끓이는 조리가 대부분. 우리가 과일로 치는 바나나, 토마토, 파인애플, 레몬도 조리를 해서 먹는 편이다. 그래서 그런지 50대 고혈압 환자가 성인 남자의 30%라는 수치를 그곳 신문에서 본 일이 있다.

루이 엄마에게 말이라도 해 봐야겠다고 마음을 먹고 차밭에서 점심을 먹을 때였다. 다짜고짜 김치를 담겠다고 하면 안 되고 내가 꿈 꾼 얘기부터 할까, 어쩔까. 우선 신문에서 본 고혈압 치수와 이들이 먹는 음식과의 상관관계부터 얘기를 시작했다. 그런 다음에 김치를 설명하는데 루이 엄마 뿐 아니라 옆에 있던 여인들의 귀가 솔깃해지는 걸 볼 수 있다.

"코리아하면 김치, 김치하면 코리아거든."

평소에 알고 있던 나의 상식은 모조리 나왔다. 암 예방에 좋은 웰빙 식품이라는 데서는 목소리를 높였다. 시큰둥하던 눈빛들이 호기심으로 바뀌고 있을 때 쯤, 이때를 놓치면 안 된다.

"내가 만들어 볼 테니까 먹어 볼래?"

"그렇게 좋은 거라면 언니가 해 보세요."

이렇게 빨리 승낙이 떨어질 줄이야.

"그러면 장부터 봐야겠네. 고춧가루랑 마늘 파를 사야 하는데. 양배추도."

이때다. 여인들마다 각자 집에 재료가 뭐, 뭐가 있다고 필요하면 가지

1 2 3 4
1 정월대보름의 부럼. 101개의 새순을 나물로 먹으면 1년을 무병장수 한단다.
2 하쯔Haj. 막걸리를 거르는 통
3 종이에 싸서 말리고 있는 아쌈의 메주
4 전통과자의 일종인 피타

고 가란다. 말 하는걸 하나씩 모아보니까 얼추 될 것 같다.

"그러면 내가 돈으로 계산해주던지 시장가면 사다 줄게."

손 사례를 친다. 그러지 말라고.

언제 시작할까, 자식 혼사 길일吉日 잡는 것도 아닌데 지레 신경이 써진다. 하지 말라고 변덕을 부리면 어떻하나 하고. 속히 담아야 할 텐데.

저녁밥을 먹고 있는데 여인들이 갖다놓은 재료들이 하나 둘 모이기 시작했다. 양배추도 보였다. 어쩌면 이리 인심들이 후할까. 가진 거라곤 가족 밖에 없는 이들의 마음 씀씀이에 잠시 생각이 깊어진다.

양배추의 생김새는 우리랑 같아도 단단하면서 쌉싸래하지 않는 게 특징. 양념류인 고춧가루, 생강, 마늘, 파. 넉넉히 준비 해 준 덕에 솜씨만 발휘하면 됐다.

몇몇 응원부대가 모였다. 더 어둡기 전에 시작하라고 나를 부추기고 있다. 다들 궁금한지 내 옆에 바짝 붙어 있었다. 이럴 땐 엄마 옆에서 턱을 괴고 바라보는 자식들이나 진배없다. 힘이 솟는다.

앞치마는 안 입었지만 마치 내 모습이 아시아 학생들 앞에서 실습하는 요리 강사라도 된 듯하다. 외국에 나가면 누구나 국가대표라고 했는데 어깨에 한국인의 자존심 마크라도 달아야겠다.

잘 해야 될 텐데....... 베푼 인심만큼 부담도 된다. 해외 경기 출전 차 나가있는 박태환 선수 기분이 이런 걸까.

파 썰고 마늘, 생강을 다지는 일부터 양배추 씻는 일까지 여인들은 내가 시키는 대로 착착 움직였다. 어떤 궂은일도 다 해본 사람들이라 일에는 손놀림이 재다. 이렇게 이웃끼리 협동심이 강한 걸보니 평소 옆집에 누가 사는지 얼굴도 모르고 지내는 내가 부끄러웠다. 이들에게 내 손만 바쁘지 않으면 과자라도 사다 주고 싶다. 이웃사촌 인데.

이제 내가 할 일만 남았다. 김치처럼 미리 소금에 절일 일이 없으니까 다져진 양념을 양배추에 넣고 쓱쓱 버무리면 된다. 손도 배추도 빨개지니까 큰 눈들이 휘둥그레진다. 고춧가루를 넣고 있는데 매운 걸 이렇게 많이 쓰냐 고 한다. 그만 넣으라고 내 손을 잡아당긴다.

인도 음식의 '맛살라^{Massala}' 라는 특유의 향신료에는 매운 맛 종류만도 수십 가지다. 고춧가루는 별도로 친다. *탄두리 치킨^{Tandoori Chicken}을 양념 할 때와 나물 무칠 때 조금씩 넣을 뿐이지 그다지 쓸 일은 없다. 그녀들이 보기에는 내가 고춧가루를 헤프게 넣는 걸로 보이나 보다. 내 눈이 저울 이니까 걱정 말라고 했다.

왼손으로 배추를 버무리는 것도 눈총을 준다. 이들은 양손의 역할이 분명하기 때문에 우리처럼 아무 손이나 사용하는 습관이 이해가 안 가는 모양이다. 특히 음식을 할 때 따지는 편이다. 나도 여기 습관대로 오른손을 사용할 걸 그만 깜박했다.

김치를 알리고 싶어 모이라 했는데 후원(?) 좀 했다고 간섭들이 심하다. 그래도 밉지가 않은 참견이다.

내 입 속에서는 흐흐흥... 아무 가락이나 흥얼거려졌다. 좀 있다 김치 맛을 볼 생각을 하면 벌써 입에 침이 고인다.

> *** 탄두리 치킨**
> 닭에 양념을 발라 화덕에서 기름을 빼면서 구움

자, 그럼 버무렸으니까 간을 봐야겠다. 일단은 내가 하나 집어 먹어보고, 그런 다음엔

"누가 먹어볼래. 입 아... 해. 나처럼 아..."

입안으로 직접 넣어 주는 게 이상해보였는지 한사코 도리질을 한다. 그래도 자랑이 하고 싶

아쌈에서 만들어 먹은 용자마담표 김치

어 버무려진 속대를 들고 있었다. 루이 엄마가 대표로 받아먹었다.

함박 입이 돼서 받아먹은 것까진 좋았다. 한번 씹자마자 맵다고 얼굴을 찡그리면서 쾌쾌 기침을 한다. 눈물까지 찔끔거린다. 그렇게 매운가. 놀라서 얼른 물을 마시라고 했다. 옆에 여인들 얼굴을 보니 덩달아 우거지상이다. 고춧가루를 털고 줬는데도 이러니 만들어 봤자 이들이 먹겠냐는 생각이 앞섰다. 갑자기 머리가 혼란스러워진다.

어쨌거나 마무리는 해야 돼서 두 그릇에다 나눠 담고 손바닥으로 꾹꾹 눌러 주는데

"왜 그러는 거예요?" 물어보는 루이 엄마의 눈자위가 매운 충격으로 아직도 불그레하다.

"이래야 양념이 속으로 배어들거든."

서둘러 끝냈는데도 기분이 찹찹하다. 안 먹겠다면 어쩌나 하고 은근히 고민이 되었기 때문이다. 사서 뭔 고생이람. 내가 아무리 나일롱 주부라

도 부엌일이 30년인데. 설마 죽 써서 남 주겠나 싶어 어서어서 시간이 가기를 기다렸다. 김치라는 게 익으면 맛도 달라지고 덜 맵기도 하니까.

그래도 긴장이 돼서 발걸음은 자꾸 부엌의 통 근처에서 얼씬 댔다. 초조해하는 내 기색이 이상한가보다. 루이 엄마가

"무슨 일 있어요? 왜 그러세요?"

"익었나 보려고."

"익은 게 뭐예요?"

에휴.......

담은 지 하루가 지나 김치 통 옆으로 가니 벌써 냄새가 퍼진다. 꿀꺽! 덩달아 군침이 돈다. 이렇게 쉰내가 향긋하다니 일찍이 못 느꼈던 냄새다.

"루이야? 빨리 와 봐, 빨리. 익었어."

루이 엄마가 김치 통 앞으로 오면서 무슨 난리라도 났냐는 표정이다. 코를 킁킁 대면서 낯을 찡그린다.

귀한 보석함 다루듯 살짝 뚜껑을 열고 먼저 시식을 해 봤다. 어쩜, 평소 먹던 김치와는 또 다른 맛으로 씹는데 새큼하면서 사각사각 했다. 바로 이거. 이역만리에서 김치를 만들어 먹다니, 독립 만세처럼 맘껏 외치고 싶었다.

젓갈이 있는 것도 아니고 그저 소금으로만 간을 맞추었을 뿐인데 아무리 내 솜씨라 해도 이 정도면 점수 A를 줄 만하다. 당장 밥 한 그릇 뚝딱 비울 것 같았다. 이걸 담아 놓고 제대로 익을까 얼마나 속을 졸였는지 모른다.

어깨를 으쓱으쓱 대며 실없는 사람처럼 실실대고 있었다. 곧 덩실덩실 어깨 춤 이라도 나올 듯하다. 아마도 루이 엄마가 내심으로는 저 여자가 음식 하나 가지고 왜 저러나 할 거다.

"그렇게 좋으세요?"

좋다 뿐이야. 그녀는 앞서 혼쭐이 나서인지 조심조심 작은 걸 집어 먹어 본다. 나로선 다시 긴장의 순간. 그러더니 엄지를 치켜 올린다. 다행이었다. 맛없다고 하면 나만 좋다 하여 혼자 먹기도 그렇고 눈치가 보였는데 말이다. 드디어 입맛은 해결 됐다 싶으니까 여기서 몇 년도 버틸 것 같았다. 양념에서 우러나온 색깔이 어쩜 이리도 예쁜지. 눈도 즐겁고 입도 즐겁다.

인도도 숙성시킨 음식 종류가 많다. '아차르achar'라고 장아찌처럼 오이, 망고, 레몬, 메론 등의 과일을 삭혀서 만든 것으로 아주 맵거나 신 맛을 낸다. 또 방울토마토만한 감자조림과 삶은 브로콜리는 발효식품은 아니라도 기본적으로 으레 밥상에 오르는 우리의 김치 같은 반찬이다. 다행이도 아쌈은 우리가 쓰는 양념을 사용하고 있으니까 내가 김치를 만들 수 있는 여건이 된 것이다.

이웃사촌들에게 익은 김치를 먹어 보라고 권했다. 그런데 코를 막고 먹는 것이었다. 그런 모습들이 너무 재미있다. 맵다고 또 쾌쾌 거리면 어쩌나, 보고 있는데 그 정도는 아닌 것 같다.

"어때? 먹을 만하지? 누구 솜씨인데. 이런 걸 '용자영자라는 발음이 안 되는 듯마담 표' 김치라고 하지."

거들먹거리는 내 폼을 보면서 자기들끼리 픽픽 웃는다.

"냄새는 발효가 되는 과정에서 나는 거야. 배추랑 고춧가루, 소금이 어우러져서."

"발효가 뭐예요?"

"일종에 라씨 Lassi, 인도 요구르트 음료의 일종 같은 거야, 아님 피클이나 아차르 장아찌"

고개를 끄덕인다. 그런데 먹어 본 일이 없단다. 이때 떠오르는 게 있었다.

"하쯔 막걸리도 쌀과 누룩이 시간이 지나 발효가 된 거잖아?"

이제야 이해가 가나 보다.

"김치를 먹으니까 한국 사람이 오래 사는 거야. 남자 여자 평균 수명이 몇 살이게?"

"여자는 70살."

모나 엄마가 냉큼 아는 체를 한다.

"땡! 다른 사람 말해봐."

이번엔 75살이라는 말이 나왔다. 내가 고개를 흔드니까 더 이상 말하기를 주저한다.

"남자는 76세, 여자는 82세."

"어머! 그게 정말예요?"

"사실이라니까. 이웃 나라인 중국은 여자가 74세, 일본은 86세."

아예 입을 다물지 못한다.

"그러면 인도 사람들 수명은?"

다들 글쎄요 하는 표정이다.

"남자는 62세, 여자는 64세."

모두들 놀라워한다. 자신들이 생각하고 있는 것보다 많다는 것이다.

"자기들이 늙을 때는 수명이 더 늘어나니까 발효 식품들을 많이 먹어 둬."

이때 한 여인이 인도의 여자들은 남자보다 평균 수명이 낮을 거란다. 그러더니 뭔가 곰곰이 생각하고 있는 눈치다.

"우리들은 아마 50살까지만 살 것 같은데요." 더 이상은 못 살 것 같단다.

한 술 더 떠 아이들만 결혼시키면 언제 죽어도 상관없다니. 자식들 얘기에 다들 시무룩해진다. 농장에서 모지게 일하는 것을 보면 그도 그럴 것 같다.

여인들 표정을 보니 아차! 싶었다. 쓸데없이 수명 얘기는 왜 꺼내 가지고 분위기를 가라앉혔지. 얼른 화제를 돌려야 되는데.

"요리에는 누가 베스트 쿡커야?"

서로들 쳐다본다.

"김치 담그기 쉽잖아. 다음에 누가 잘 담는지 보고 내가 선물을 건다."

"선물요? 뭔데요?"

"코리아 전통 부부인형."

와와~ 하는 걸보니까 기분들이 조금은 누그러진 것 같다. 그러잖아도 인형이 하나 남아서 구실을 만들어 주려고 했던 참이다. 잠깐이나마 여인들에게 미안했던 순간이다.

집에 가서 하쯔 마시는 양푼을 가지고 오라고 했다. 재료를 제공했으니 한 그릇씩 퍼주어야겠지. 시간이 갈수록 시어지고 냄새가 나니까 얼른 먹어야 한다고 일러뒀다.

차밭 여인들에게는 '용자마담표 김치'라는 코리아 브랜드를 잊지 못 할 거다. 그녀들과의 합작품이니까.

보기만 해도 고향에 온 것 같은 김치. 역시 고향 음식은 배를 채우는 게 아니라 마음의 허기를 채우는 거다. 이러니 안 먹고 안담을 수가 있겠나. 날씬해지려고 먹고 싶은 거 안 먹는 여자들 보면 참 지독한 사람들 같다.

음식 앞에서 늘 나 자신에게 물어보는 문제지가 있다. 식욕이냐, 몸매냐 다. 두 마리 토끼를 잡으면 금상첨화겠지만. 난 아무래도 모처럼 만들어진 '효리 몸매'를 이쯤에서 포기해야 될 것 같다. 머지않아 누군가 내 허리 살에 매달려 턱걸이를 한다고 해도 어쩔 수 없다.

농장의
패션모델들

　　창밖으로 내리는 비는 언제쯤 그칠까. 하늘을 보니 좋아질 날
씨가 아니다. 여인들은 이런 날에 밀린 집안일을 하거나 이웃집으로 마실
을 나가게 된다.

　　나 혼자 있자니 왠지 처량 맞은 생각이 든다. 집 생각이 나는 게 비오는
날에는 빈대떡이나 부쳐 먹는 건데.

　　어디선가 들려오는 왁자지껄하며 질퍽한 웃음소리는 동네여인들이 수
다를 떨고 있다는 것이다. 심심한데 나도 낄까말까 하다가 퍼뜩 좋은 아
이디어가 떠올랐다.

　　루이 엄마를 찾았더니 역시 그 수다 속에 끼어 있었다. 날 보더니 들어
와서 합석하란다. 그녀를 손짓으로 불러냈다.

　　"여자들끼리 모여 할 일이 있는데 루이 아빠 잠깐 나가 계시라하면 안
돼?"

　　"무슨 일인데요?"

"내가 멋진 패션쇼를 할 거거든. 몇몇 여인들에게 서랍 속에 넣어둔 옷들 있으면 다 갖고 오라고 그래."

"입지 않은 옷이 없을 텐데요."

"싫어서 못 입는 옷이라든가 유행이 지나서 안 입는 옷들 없어?"

그런 게 없단다. 할 수 없이 내 옷만으로 쇼를 해야겠다. 내 집 장롱에 쑤셔져 있는 지천의 옷들이 눈에 선하다.

여행을 하려면 입을 옷도 신경이 써지게 마련이다. 먼저 입기 간편하면서 막 빨아도 되는 옷들을 고른다. 이런 다음 색상은 밝고 가벼운 옷들로 추려낸다. 또 숄이나 스카프도 사이즈 별로 없어서는 안 되는 요긴한 품목들이다. 이러니 썩 좋은 건 아니라도 평소에는 안 입는, 독특한 디자인의 옷들이 대부분이다. 늘 나의 배낭 속에는 옷보다 숄하고 스카프 종류가 더 많았으니까.

옷이라면 나나 인도 여인들이나 밥 먹다가도 수저 놓는 편이라 나의 깜짝 쇼에 어떤 반응들이 나오나 사뭇 궁금해진다.

루이 엄마가 동료들한테 뭐라고 설명했는지 루이네 집으로 여인들이 우르르 몰려왔다. 언뜻 보니 열 명이나 된다. 나한테는 감당이 안 되는 숫자다. 이 좁은 방에서.

"내가 가지고 온 옷이 몇 장 안 되는데. 어떻게 할까요?"

저요, 저요 하면서 서로 내 옷을 입어보겠다고 야단이다.

"스스로 자신 있다하는 '몸짱' 들만 나올래요?"

서로들 쳐다보면서 뭐라 그러는 것 같다. 내 제안이 좀 심했나. 시끌벅 적하던 소리도 조금 잠잠해졌다.

어떻게 해줘야 모두들 마음 상하지 않고 행사를 치를까.......

"그럼 모두 다 한 번씩 입어보고 몸에 맞는 사람 모델하기. 어때요?"

좋단다. 옷 벗기가 부끄러운지 집에 가서 입고 오겠다는 여인들도 있다. 그러지 말고 양쪽으로 두 사람이 대형 숄을 들고 칸막이를 대신하라고 했다. 그러니까 들어가서 옷을 입어본다.

생각보다 뚱뚱한 여인들이 많다. 평소 옷 입은 차림들이 펑퍼짐해서 몰랐지 몸매가 드러나기 시작하니까 나보다 이들 허리가 더 '배둘레헴' 이다.

모나 엄마는 낑낑대며 블라우스 소매에 팔을 끼기도 전에 암홀에 실밥이 뜯겨서 포기. 다른 여인은 옷이 몸에 들어가기는 하는데 숨을 편하게

못 쉬고 있다. 루이 엄마도 보기보다 은근히 통통해서 옷이 안 들어갔다. 이런 여인들은 탈락.

이러고 보니 나도 날씬한 축에 드는 거였다. 기분 썩, 괜찮다. 나한테 맞는 옷들이 이들에게는 작은 사이즈다.

가만히 있어도 자동적으로 탈락자가 속출하고 있어서 남은 여인은 세 명으로 압축이 되었다. 이래서 모델들은 세 명.

내 블라우스 하고 스커트를 번갈아 입었다 벗었다 한다. 그러더니 자기들끼리 어떤 게 더 잘 맞는다느니 하면서 오히려 탈락자들 참견이 심하다.

여자 아이들이 엄마 한복 치마 가지고 요변 떠는 모습처럼, 재미있다. 어렸을 적, 바비 인형에게 옷 바꿔가면서 입혀줄 때 유명 디자이너 안 부러웠지. 아니 장래 직업이 디자이너가 될 줄 알았는데.

1　2　3　1 빈디의 염료
2 귀족의 화려한 빈디 모습
3 소박한 빈디를 한 여인들

생각보다 양장이 어울리는 여인이 있다. S라인 몸매하며 까무잡잡하면서 서구적인 마스크. 한 몸매 하는 '몸짱' 여인을 보니까 보고 있는 나도 즐겁다.

자, 이쯤해서 김 코디(?)가 나서야 할 때다. 선글라스하고 머리띠로 한껏 멋을 더해 본다. 챙이 큰 모자도 머리에 얹어 봤다. 긴 스카프로 길게 늘어뜨리기도 하고 큰 숄로 망토처럼 어깨를 덮어보라고도 했다. 반짝 반짝하는 삼각 숄로 허리를 감싸니까 살짝 나온 배도 가려지고 힙 라인이 멋지다.

얼굴의 윤곽들이 시원시원하니까 립스틱으로 입술만 발라줘도 얼굴이 확 달라진다. *빈디^{띠까, Tikka}는 내가 갖고 있는 건 액세서리용으로 아주 화려하고 다양한 문양들이다. 이것을 양미간에 붙이고 이어링은 치렁치렁한 걸로 걸어준 다음, 세 여인들을 보니 연예인이 따로 없었다.

거울 속에는 다른 여인들이 서 있었다. 달라진 모습에 자기들도 깜짝 놀라워하는 표정이다. 내가 보기에도 정말 예쁘다. 이렇게 차리고 나가면 누가 이 여인들에게 차밭의 천민이라고 하겠는가. 집과 여인은 가꾸기 나름이다 더니.

"정말 멋있네. 영화배우다. *브라만이다."

* 빈디^{띠까, Tikka}
결혼한 여인들이 이마 한가운데 빨갛게 붙이는 표시. 요즘은 아무나 멋으로 하는 추세. 원래는 힌두교에서 유래된 의식의 하나였다. 사리의상과 더불어 인도 여인들의 트레이드마크다.

* 브라만^{Brahman}
카스트^{Cast} 계급에서 제일 높은 지위

다들 우르르르, 휘파람 불듯이 아래 입술을 떨면서 묘한 울림을 내고 있었다. 기분이 너무 좋으면 나오는 버릇이다.

"아차, 아차해^{먼있다}."

여기저기서 부러움에 감탄사가 터진다. 이것도 모자라 모델들 볼에다 뽀뽀를 한다.

분위기는 한껏 고조돼 있었다. 이럴 줄 알았으면 옷을 좀 더 가지고 오는 건데. 톱디자이너 앙드레 김도 모델들이 당신 옷을 입을 때 이런 심정이었을까. 모두들 립스틱만이라도 발라보려고 거울 앞이 붐볐다. 여자들이라 평소에 사용하지 않는 화장품인데도 호기심은 있었다.

"여기서 끝내면 공들인 미모가 아깝지. 그럼 지금부터 모델처럼 걸어보는 거야."

"모델요? 안 할래요."

"왜? 우리나라에서는 계절이 바뀔 때마다 대중 앞에서 신제품 쇼를 하는데."

모델 중에 나이 많은 도로이 아줌마가 무르익은 판을 깬다. 기껏 입고 까불던 옷들을 벗으려고 한다. 조금 전까지 그렇게 좋아하더니.

내가 잠깐만 있어봐 하고 말렸다. 전통 옷만 입어본 여인들이라 캐주얼한 옷차림이 어색한데다 걸어보니까 부끄럼을 타는 것 같았다. 자기들 옷이 아니니까 벗어 놓겠단다.

지금 이렇게 끝나면 안 되는데...... 점점 내 속은 조마조마 해지고 있었다. 실은 내 목적은 다른데 있었기 때문이다.

옷이라면 사족을 못 쓰는 여인들이라 웬만하면 무조건 오케이 할 줄 알

앉는데 생각보다 고집들이 있다. 남의 옷 입고 모델 놀이 한다는 것이 부담스러운 거다.

루이 엄마가 의논을 하는 것 같다. 계속 놀자는 의견으로 모아지는 듯하다. 비오는 날 할 일이 있겠나. 다시 떠들썩해진다.

"자기들은 지금 너무 예뻐. 난 부럽다. 다시는 이런 기회가 없을 걸."

"나 같으면 뽑혔으면 한번 걸어라도 보겠다. 예쁘다고 으스대는 거야 뭐야?"

모델들에게 루이 엄마는 추켜 주고 모나 엄마는 면박을 준다.

"하면 되잖아. 마담? 어떻게 하는 거예요?"

"방이 좁으니까 모델들은 방에 있고 다른 사람들은 문 바깥에서 감상하기. 오케이?"

다시 쇼는 이어지고 있었다. 잠깐이나마 긴장되었던지라 내 이마에는 식은땀이 난다.

우선 내가 시범을 보여야겠다. 잠시 프로 모델들의 걷는 포즈를 떠올려 본다. 걸을 때 시선은 한 곳에 고정시키고 허리는 꼿꼿이 펴고 양손은 허리에 대고 성큼성큼 당당하게 걸어야한다. 이때 어깨도 똑바로 제치고 궁둥이를 흔들거나 쑥 내밀면 안 된다. 앞 사람이 먼저 세 발자국 걸어 나가면 뒤따라 걸어가기. 저 끝에서 되돌아서서는 일단 멈춰서 포즈를 취 할 것. 이때 구경꾼들은 박수로 환영하기. 다시 걸어 나오기, 이상.

"그럼 나와서 차례로 걷기 시~작!"

모두들 박수로 환영을, 짝짝짝. 어서 분위기를 다시 올려놓아야 하는데.

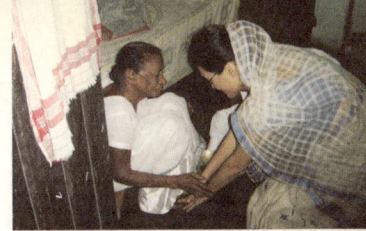

수줍은지 엉거주춤 걷지를 않나, 눈빛이 산만하
지를 않나, 구경꾼들은 킥킥 웃느라고 바쁘다. 이
번엔 '몸짱' 여인이 안 하겠단다. 무안해서 그런가.

"어디서나 제일 섹시한 사람들이 뒤로 뺀다니
깐. 여러분 박수가 모자란답니다."

다시 우 우, 요란한 함성과 박수 소리에 마지못해
걷는다.

"좀 더 자신 있게 걸어 봐요."

따라 하기 벅찬가보다. 오랫동안 굳어버린 구부
정한 어깨가 당장 펴지겠냐만. 자꾸 잔소리 하다
진짜 안한다 할까봐 조심스럽다. 다른 여인들도 마
찬가지다. 그러나 잘한다, 멋있다 하며 칭찬을 아
끼지 않으니까 시키는 대로 하려는 눈치다. 이때
내 디카가 찰칵! 찰칵! 힘을 보탰다.

"한번만 더 합시다. 이번이 마지막이니까 제발
이지 자신 있게 걸어 봐요. 자 스텐 바이. 시~작."

다시 차례대로 걸어가는데 걷는 폼이 조금씩 나
아지고 있다. 생전 안 하던 폼을 만들어 주려니 답
답하다. 가르치기 힘들다. 역시 연출 한다는 게 생
각보다 힘들다. 영화감독 아무나 하는 게 아니다.

"이봐, 두 번째 모델? 어깨 펴고."

1 어른께 드리는 전통 인사법
2 아쌈의 전통 밥그릇
3 길거리 시와 신 앞에서
 춤추는 사람들
4 길거리 풍각쟁이

바로, 자세 교정 들어간다. '몸짱' 여인이 순발력에 있어서는 둔한 편이다.

신나는 박수와 요란한 웃음소리에 어느새 아이들과 동네 아낙네들이 문전성시를 이루었다. 무슨 일인가 하다 생전 처음 보는 신기한 모습에 당황스러운가보다. 엄마가 얼굴이 달라지고 못 보던 옷들을 입고, 별나게 걷고 있으니 아이들이 겁먹은 표정이다.

걷고 있던 모델들도 자식들을 보더니 하다 만다. 그러면서 구경꾼들에게 예뻐진 얼굴 보이려고 폼을 재고 있다. 이쯤 되니까 분위기는 다시 좋아졌다. 난 전혀 아랑 곳 없다는 듯 어깨를 펴라고 재촉했다.

했던 말 또 하는 내 목소리도 고조되고 있었다. 여기에서 키 워드는 '당당하기.' 바로 이것이 오늘 나의 테마다. 내 마음 속은 누구를 베스트로 할지 이미 정해놓은 상태. 모두 긴장하고 걸으니까 땀을 흘린다. 혼날까

어릴 때부터 멕칼라 사돌 입는 법을 가르친다.

봐 자꾸 내 눈치를 본다. 엉성하긴 하지만 자세가 많이 좋아지고 있었다.

"자, 그럼 누가 제일 멋있어요?"

누군가를 말하는데 제일 친한 친구를 지적하는 것 같다. 어떤 할머니는 자기 며느리가 제일 예쁘단다. 어떻게 해야 공정하게 보일까 잠시 고민을 하게 된다.

"잠깐만요. 세 사람 다 너무 예뻐서 못 고르겠는데요."

이게 무슨 말인가 하고 조용해진다.

"제일 중요한 것은 걸을 때도 자신 있는 사람. 누가 좋을까요?"

역시 아무 말들이 없다. 구경꾼들이 주위를 돌아본다.

이때 모나 엄마의 장기인 큰 목소리가 등장했다.

"도로이 아줌마요."

"맞아요. 제일 자신감이 있었지요."

"다른 사람들 생각은요?"

이제야 여인들이 고개를 끄덕이고 있다.

"그럼 베스트 드레서는 도로이 아줌마. 축하합니다!"

박수 소리에 그녀가 수줍은 듯 젊잖게 인사를 꾸뻑한다. 역시 나이가 있으니까 좋아도 촐랑거리지는 않는다.

"상품으로 여기 옷 중에 마음에 드는 걸로 두 장을 가지세요."

"정말요? 숄도 돼요?"

"그럼, 마음에 들면."

여기저기서 웅성웅성. 뭘 고를까 주춤거리는데 옆에서 더 야단이다. 나도 긴장이 됐다. 내가 아끼는 걸 갖겠다면 어쩌나 하고.

"저 이거 가질래요."

"그러세요. 예쁘게 입으세요. 짝짝짝"

겉으로는 이렇게 말하지만 속이 쓰리다. 내가 아끼던 숄을 집었기 때문. 구경꾼들이 도로이 아줌마가 부러운지 그녀 얼굴만 빠끔히 쳐다보고 있다.

모델 두 명의 입들이 부어있다. 열심히 했는데 옷을 갖지 못한 게 꽤나 속상한가보다. 잠시 내 머리 속에서 다시 갈등이 왔다. 한 장 씩만 가지라 할까, 아니다 과자로 때워야겠다. 이렇게 옷을 주게 되면 난 뭘 입나. 그러나 내 입에서는....... 그만

"두 모델들도 수고했어요. 아무거나 한 장만 집으세요."

내 말이 떨어지자마자 입들을 헤 벌리고 손은 옷으로 가고 있었다.

아이고....... 아깝지만 어쩌랴. 사실 한국에서 이런 옷이면 아무것도 아니건만. 왜 이런 것에 연연하는지 나 자신도 모르겠다. 밴댕이 소갈머리라서 그런가.

이렇게 끝내자니 아쉽다.

"여러분! 지금부터 우리 파티 합시다. 스위트^{과자} 사 올 사람?"

대낮부터 하쯔^{쌀 막걸리}를 마실 수는 없으니까 과자 사오라고 루이 엄마를 시켰다. 비가 오니까 갈 데가 없는지 동네 사람들이 문 앞으로 모여드는데 더 이상 서 있을 자리도 없다. 도로 나가는 사람들의 뒷모습이 보인다.

평소 여인들의 모습을 보면서 마음에 걸리는 게 있었다. 힘들게 일을 해

서 그런지 항상 어깨가 축 쳐져있는 것이었다. 어깨를 펴주고 싶은데... 하는 간절함이 이번에 패션쇼로 분출을 했나보다.

옷이 날개라 했던가. 옷도 잘 입으면 당당한 법. 그러나 이들에게는 비전이라고는 없으니까 삶도 어깨도 쳐지게 된다.

침대에 누워 잠을 청하고 있는데 루이 엄마가 불쑥 들어온다. 평소에는 피곤하니까 저녁 먹고 정리하면 자기 바쁘다. 나를 찾을 일이 없는데 웬일일까.

"언니, 오늘 힘드셨지요? 너무 고마웠어요."

"자기가 눈치껏 도와줬잖아."

"저희들 쳐진 모습이 싫으셨나봐요."

"그럼 싫다마다. 아이들이 보고 있는데 아무리 힘들어도 어깨는 펴고 살아야지."

"동네 사람들도 언니가 너무 재미있대요."

"이 밤에 난 또 무슨 일인가 했네. 루이 아빠한테 고맙다고 해."

오늘의 이벤트는 대성공.

여인들 기분 올려주랴, 코디 해주랴, 당당한 모습 심어주랴, 여기저기 신경을 썼더니... 너무 피곤하니까 잠도 안 온다. 다음에는 또 어떤 이벤트로 용기를 줄까. 오늘처럼 대 성황이 되려면 아이디어가 톡톡 튀어야 한다. 내가 연식_{年式}은 오래됐어도 아직 두뇌는 쓸 만하다.

참! 내 직업이 이벤트지. 깜빡했다.

이모저모 풍속도

롱갈리 비후,
풍악을 울려라!

아쌈의 연중 최고 명절 롱갈리 비후

두둥 둥둥. 둥둥둥둥.
장단에 휩쓸려 휘이익... 패랭이가 돌아가는 듯하다.
개갱 갱갱갱갱. 갱갱갱갱.
요란한 꽹과리 소리에 저만치 서 있는 내 어깨가 다 들썩일 정도다. 나그네인 나도 이 정도니 여기에 모인 여인들의 신명이야 오죽하랴.

흥을 주체 못해 안달이 났다. 굼뜬 궁둥이마저 살래살래 대는 게 마치 강아지 꼬리 흔들 듯 날렵해 보인다. 막 벌어진 잔치가 푸른 벌판에 한바탕 퍼지고 있었다.

콘코Konko, 작은북를 치면서 빙빙 도는 남정네들 모습이 마치 풍물놀이패를 보는 듯하다. 하나같이 까뮤사gamusa, 전통 긴타올로 머리 둘레랑 허리를 살바처럼 빙 둘렀다.

놀이패들은 북채를 쥔 오른 손을 번쩍 올리더니 덩! 하고 콘코 북 판을 힘차게 내리친다. 잠깐 숨 한번 고르더니 이내 양 손이 어지러울 정도로 자진모리로 내리 밀고가기 시작했다.

머리와 허리에 두루는 까뮤샤

쿵다당 쿵다당 쿵쿵쿵쿵.

장단이 급해지자 기다렸다는 듯 여인들의 신명도 자동 춤사위 모드로 넘어간다.

얼마나 빠르면 하늘도 땅도 빙빙 도는 것 같은 착시 현상으로 보일까. 나풀대는 까뮤샤 사이로 보일 듯 말듯 하던 루이 엄마 얼굴이 사뿐히 보일 때다. 입모양을 보니 뭐라 그러는 것 같은데 북소리에 묻혀 말소리가 들리질 않는다.

"뭐라고? 더 크게 말해봐?"

나에게 손짓을 한다, 나오라고. 구경하는 것만도 재미있는데 나가긴 쑥스럽게.

순간 독수리가 먹이 채 가듯 내 손을 확, 잡더니 마당 한가운데로 나를 끌고 나갔다. 그녀는 제 양팔을 맘껏 벌렸다 오므렸다 하면서 나보고 따라서 해보란다. 할 수없이 둔한 내 어깨도 으쓱, 뻣뻣한 팔도 넘실거려보는데. 이방인의 출연은 아랑곳없다는 듯 장단은 마구 휘몰아치고 있었다.

더덩, 덩덩덩덩. 깨갱, 깽깽깽깽.

양팔이 아니라 막대기 두 개가 덩실 되는 꼴이다. 주눅도 잠시, 다들 제

홍에 겨워 취한 분위기에 나도 서서히 빠져들고 있었다.

어느새 가파르게 날뛰던 북채가 조금은 수그러드는듯하다.

둥, 두둥 둥둥...

진양조로 처지면서 자지러지던 춤사위 장단도 서서히 풀리기 시작한다.

둥, 둥... 둥. 휴...

달뜬 루이 엄마 뺨이 노을빛이다. 내 뺨을 만져보니 후덥지근하다. 가쁜 숨을 내 쉬니 입가에 미지근한 김이 번진다. 간만에 몸이 가뿐하다.

설 전야제인 '까치까치 설날' 풍경이다.

매년 4월 둘째 월요일은 아쌈 주 민족 최대의 명절인 구정. 롱갈리^{Rongali} 비후^{Bihu, 축제}. *아쌈의 음력으로 하니까 해마다 날짜가 바뀐다. 연중 최고의 축제다.

'까치까치 설날은 어저께고요. 우리우리 설날은 오늘이래요.'

"아니 풍물패들이 농장을 어떻게 들어왔어? 매니저가 허락했어?"

"해마다 설 때면 농장협회에서 파견한 패거리들이 한 번씩 놀아주고 가요."

"그래? 정말 오래 눌러 있고 볼일이다."

내 말에는 아랑 곳 없다는 듯 루이 엄마는 마냥 신나는가보다. 과연 가장 큰 축제답다.

축제는 설 전날부터 열흘간 이어진다. 길거리에는 아침부터 덩거덩 덩

* 아쌈의 음력
우리와 같은 음력 주기는 아니라도 매년 4월이 구정이다.

거덩 쉴 새 없이 이어지는 콘코 소리가 그칠 줄을 모른다. 있는 둥 마는 둥 구석에 처박아 놓았던 콘코가 일제히 나와서 대목을 맞은 것이다. 이 것들을 잔뜩 실은 자전거가 부리나케 달린다. 시간에 쫓기는 퀵 서비스처럼. 자전거도 신이 났다.

여인네들이 집안 일 안하고 퍼질러 논다 해도, 하쯔를 과음한 나머지 설혹 꼴불견인 자태가 눈에 띄어도 너그럽게 용서가 되는 기간이다. 여기에 대해 어느 누구도 반론을 제기하지 못한다. 여성 우대가 일 년에 한 번이라도 주어진다니. 아쌈의 이미지가 올라가는 순간이다.

롱갈리 비후 장기자랑 1등 상품 밤바타

풍물패들은 저녁노을이 질 때 쯤 시작해서 새벽 동 트기 전까지 풍악을 울리면서 노래를 하고 요란을 떤다. 동네 사람들은 시끄러워 잠을 못 이룬다 해도 이때만은 시시비비하지 않고 넘어간다.

집집이 돌아다니면서 집안의 안녕을 기원하는 풍악 소리에 안방마님이 나와서 답례로 얼마간의 과자 값을 내놓는다. 아님 새로 장만한 간식거리를 예쁜 접시에 담아 내 놓기도 한다. 상점 앞에서도 소리가 요란하다. 역시 주인이 나와서 한 푼 보탠다. 모처럼 양반 천민 가리지 않는 세시 풍속들이다.

버스 정류장 길목에는 현수막이 펄럭거리고 건물 벽면에 허접스럽게 풀 칠한 벽보가 눈을 어지럽게 했다. 루이 엄마보고 뭐냐고 물었더니 '시도 별 개최 롱갈리 비후 참가' 공지란다. 목소리가 들떠 있다. 정초 장기 자 랑이라고나 할까. 춤과 노래가 있는데 1등에는 *밤바타^{Banbata} 5종 세트가 걸려 있다.

드디어 여인들의 숨어있는 끼를 맘껏 펼칠 수 있는 기회가 온 것이다. 대회는 모처럼 여인들의 사기를 올려놓고 있었다.

대회에 나갈 후보들을 어떻게 뽑을까. 차밭 농장 안에서는 여인들끼리 실력을 판가름해서 합격자를 정한다. '네가 해라, 네가 낫다' 서로가 이 렇게 해서 정해도 지금까지 별 문제가 없었단다.

매니저는 누가 나가든 상관을 안 한다. 삼십 명 후보에 다섯 명만 뽑으 니 경쟁률 6:1.

이러니 자기들끼리도 경쟁이 치열하다. 차밭 에서도 틈틈이 연습에 열중하는 걸 볼 수 있었 다. 아, 아아, 우... 하며 소리를 질렀다 내뱉기 를 여러 번, 가뜩이나 더운데 노래까지 하려니 얼굴에 땀이 뒤범벅이다. 내가 며칠을 지켜보니 까 모나 엄마는 뭘 먹고 체한 듯 끅끅대는 소리

* 밤바타
와인 잔 모양의 전통 놋그릇. 다섯 개가 사이즈 별로 층층이되어있다. 혼수의 한 품목이다.

로 내지르는 폼이나 굼뜬 자태가 도저히 안 될 것 같다. 그런대로 루이 엄마는 구성진 목소리에 가뿐한 몸놀림이 너끈히 통과하겠다.

5명의 후보들은 누가 될까. 뽑힌 여인들은 매일같이 농장 밖에 있는 마을회관에 모여서 연습을 하게 된다. 큰 거울에서 자신들의 리허설 모습을 봐야하고 잘하는 사람 지도도 받아야 해서 농장 안에서는 할 자리가 마땅찮다.

연습하라고 일주일 동안 외출해도 좋다는 매니저의 스페셜 보너스가 있었다. 웬일일까. 이런 인심을 다 베풀다니. 내가 아는 매니저는 이런 사람이 아닌데. 필히 무슨 곡절이 있을 거다.

루이 엄마는 이번에도 후보에 뽑혔다고 좋아서 연신 들뜬 표정이다. 그녀가 떨어지면 어떻하나 하고 마음 졸였는데 다행이다. 일주일간은 죽으라고 연습에만 몰두해야 한다.

해마다 대회에 나갔다하면 상을 탔다나. 부상으로 살림용품이 걸려 있다는 게 우리네 농촌 드라마 '전원일기'를 보는 듯하다. 정말 겉보기와는 다른 여인. 못하는 게 없는 만능 여인이다.

"좋겠다 루이네는. 이번에야말로 나도 후보에 들려고 열심히 연습했는데……"

"사람마다 각각 잘하는 게 있는데 모나 자네는 말을 재미있게 하잖아."

"모나 아빠가 이번에는 꼭 냄비를 타서 갖고 오라했어요."

"냄비 들고 오면 또 술 마시고 때려 부수게?"

모나 엄마가 구시렁대면서 탈락된 게 꽤나 아쉬운가보다.

리허설이 있는 날이면 여인들은 평소보다 더 일찍 일어나 나갈 준비로 아침을 서두른다. 나 역시 농장에서 빈둥거리기가 뭐해 루이 엄마를 따라 나섰다. 간만에 농장 밖을 들락거리니까 이렇게 가슴 속이 탁 트일 수가 없다. 모나 엄마도 됐으면 좋으련만. 그러면 우리랑 같이 다니고.

여인들은 밖으로 나가면서도 노래 가락을 흥얼흥얼 대다가 소리를 냅다 질러댄다. 틈나는 대로 목청을 키워야하니까. 콧바람도 쐬고 일도 안 해도 되는 이런 신바람 날들이 가끔 생겼으면 좋겠단다.

이들의 출연 종목은 단체 가무이다. 서로가 호흡이 착착 잘 맞아야 하는 공동 작업이다. 구슬땀을 흘리면서도 땀 훔칠 시간도 없다. 만약에 등 수 안에 들지 않아서 냄비라도 못 타는 날에는 장차 매니저의 스페셜 선심을 기약 할 수가 없단다. 반드시 상을 타야 한다나. 참가만 하는 데에 이의를 두지 않는다. 그래도 때가 되면 밥은 먹고 해야지.

1 2 3 1 전통 의상
2 TV에 나오는 축제 풍경
3 어린이 옷가게

내가 하는 일은 그들이 연습하는 동안 가끔씩 스위트[과자]나 사다 주고 점심 싸 온 것을 들고 왔다 갔다 하는 심부름 정도. 구경하는 것도 하루 이틀이지 슬슬 따분해질 즈음에 TV를 켰다.

작년 축제 때했던 재방송을 보니까 아쌈의 춤이라는 게 깊이 있고 요가를 연상 시키는 전통 춤과는 차이가 났다. 마치 들판에서 밭 매다 농부들이 농부가를 부르면서 어깨를 들썩들썩 대는 모습을 연상시켰다. 루이 엄마와 그 일행들도 이런 광경을 연출하지 않을까 한다. KBS '전국 노래자랑'의 구수한 사회자, '일요일의 남자' 송해 아저씨 같은 분만 나와도 보는 재미가 붙었을 텐데. 이런 싱거운 율동은 예술성을 떠나 스트레스 풀기엔 제격이겠다.

뭐니 뭐니 해도 명절맞이 특수는 설빔용 옷과 전통 '까뮤사'를 파는 상점. 아직도 이곳은 우리 1960, 70년대처럼 옷 선물을 제일로 치고 있었다. 우리 역시 지난 날 가난 할 때도 '옷이 날개다'라고 했던 시절이 있었다. 그래서 의衣·식食·주住 라고 하지 않는가.

내 유년 시절도 때때옷을 받고 너무 좋은 나머지 꼭 껴안고 밤잠을 설쳤던 추억이 여전히 기억 속에 남아있다. 내 입이 쩍 벌어진 것은 말할 것도 없거니와 자식을 바라보는 엄마의 흐뭇하신 표정을 지금도 잊을 수가 없다. 아까워서 당장 입지는 못하고 벽에 걸어놓고 한동안 바라만 보아도 행복해 했었던 때가 있었다. 항상 실제 사이즈보다 더 컸던 옷이 제대로 맞을 때쯤이면 팔꿈치가 닳아졌었지. 맏이라는 프리미엄으로 항상 새 옷만 입었던 나다. 루이 엄마도 루이 옷을 사줘야 하는데 하면서 자기도 대회에 입을 옷을 뭘로 할까 행복한 고민을 하고 있다.

그녀의 다짐은 해마다 냄비만 탔다며 이번에는 절대 1등자리를 뺏기지 않겠다고 기염을 토한다. 그러나 어디나 최고의 자리는 어설프지가 않다. 참가자가 대략 100여명. 우열을 가리자면 심사위원들한테 보이지 않는 비리가 있다고 모나 엄마가 살짝 귀띔해준다. 1등은 로컬 방송에 출연할 기회도 주어진단다. 운 좋으면 스타 탄생의 길이 열릴지도 모르는데. 이러니 뒤로 무슨 일들이 벌어질까. 아무리 실력이 뛰어난다 해도 1등은 힘들겠다.

"루이 엄마야. 스타가 되면 고생 끝 행복 시작이네."

"언니는.... 그럴 리가 있겠어요. 밤바타가 갖고 싶어서 그렇지요."

그게 그렇게 비싼 건가.

평생을 찻잎만 따는 농장의 여인들이야 꼴찌 상만 타도 대단한 거다. 출전 할 기회가 주어진 것만도 이들에게는 달콤한 휴가이자 추억거리 일 것이다.

그런데 어째서 매니저가 여인들을 농장 밖으로 내보내면서까지 연습을 시키고 대회 출연을 시켰을까. 있을 수 없는 일이 일어나서 두고두고 궁금했는데 한참 후에 안일이다. 농장을 떠나 친구네 집에 있을 때 얘기 도중에 나온 말이다. 대회에 나가면 한 농장에 5명까지 주 문화부에서 약간의 찬조금이 나온단다.

그러면 그렇지, 안하던 짓을 해서 벌써 죽을 때가 됐나 했다. 그래서 개인기는 안 되고 여러 명을 내 보낼 수 있는 단체만 고집했던 것이다. 영리하고 교묘한 놈이다. 어쨌건 찬조금 떼어 먹는 맛에 다섯 명의 여인들이 스트레스도 풀고 끼를 발산할 수 있는, 일거양득인 것만도 어디야.

난 장기자랑을 아쉽게도 대회 하루 전 날 농장을 떠나는 바람에 보질 못했다. 갔더라면 사진은 내가 맡는 건데. 루이 엄마는 냄비라도 탔겠지. 밤바타를 갖고 싶다 했던 그녀. 과연 영예의 밤바타는 누구에게 돌아갔을까. 깨끗이 실력으로 상을 탄 게 아니라면 뺏어서 루이 엄마 주고 싶다.

그날 얼마나 신나는 날이었을까. 함박꽃이 활짝 피어있을 여인들의 얼굴을 안 봐도 알만 하다. 상이란 크다고 좋고 작다고 나쁜 게 아닌 것 같다. 탔다는 것만도 행운이니까. 다음에 농장에 갈 때는 냄비 여러 개를 사들고 갈 참이다. 이때가 언제가 되려나.......

아쌈이나 우리 한국이나 이렇게 명절이란 설빔의 설렘으로, 축제의 한마당으로 한 해의 무사 안녕을 기원하고 있다.

현지인처럼
팬티를 입지 말아 볼까

북서풍 바람이 살살 불어 빨래는 무지 잘 마른다. 평소 하던 습관대로 자기 전 세수하면서 반드시 속옷을 빨았다. 처음에 속옷을 빨아 널 때면 괜히 눈치가 보여 새색시처럼 낯을 붉히곤 했다.

집 뒤에 보면 여러 집에서 공동으로 사용하는 마당이 있는데 그곳에 빨래 줄이 걸려있다. 멀쩡한 줄이 있는데도 담벼락 한 쪽 귀퉁이에 널어놓았다. 행여 남들이 볼 까봐 아침에 눈 뜨면 이것부터 거두곤 했다. 깜박한 날에는 낮에 일부러라도 들어와서 걷고 다시 나갔다.

하루 햇볕에 말려진 옷들이 보송보송해져서 보기만 해도 상쾌했다. 그러다 아줌마의 뻔뻔스러움이랄까, 버젓이 줄에다 빨래를 널려는 순간 깜짝 놀랐다. 줄에 걸린 울긋불긋한 천으로 인해 눈이 부셨기 때문이다. 마치 '타루초 티베트에서 불령이나 기도문이 적힌 오색 종이'를 매달아 놓은 것 같았다. 여성들이 입는 '멕칼라 사돌 The Mekhala Sadar, 아쌈의 전통 옷'인 긴 천을 빨아 놓은 것이었다.

그런데 낯선 일이 있다. 도무지 이 사람들 속옷을 볼 수가 없다. 빠는 것도 못 봤다. 아기 기저귀나 다른 겉옷은 보인다만. 내 짐작인데 속옷을 입지 않는 모양이다. 무슨 연유에서 그런지는 모르지만. 어느 나라인가는 '노팬티 의상 퍼포먼스' 도 있다고 들었다.

저녁때 빨래를 걷으러 가고 있는데 동네 아낙네들이 걸려있는 팬티를 쳐다보면서 수군수군 대고 있다. 내 눈치를 보다가 빨래를 보다가 한다. 내가 지나가니까 다시 쑥덕거리기 시작한다. 안 입는 거니까 갖고 싶다는 건지 도무지 그 속을 알 길이 없다. 가까이 있는 여인들만 주려해도 적어도 20장은 필요했다. 호기심에라도 다 갖고 싶어 할 거다. 누구는 주고 누구는 안 줄 수가 없다. 루이 엄마한테만 한 장 줄까 하고 물어 봤다.

"그런 건 영화배우나 입는 거 아녜요?"

이러니 무슨 할말이 있겠나.

옷 마다 꼭 끼거나 착 달라붙지 않아서 피부에는 좋겠다. 이들처럼 나도 속옷을 입지 말아 볼까하는 생각도 들었다만, 글쎄다. 브래지어까지 널어 놓았더라면 어떠한 반응이 나왔을까. 꽤나 흥미롭겠다.

너무 더우니까 잘 때도 아무것도 덮지 않고 입은 채로 자는 사람들이다. 그러니 속옷인들 입을까. 아무리 덥다고 나까지 속옷을 벗고 잘 수야 없

우물가에서
빨래하는 여인

지. 목욕탕도 아니고. 생각만 해도 민망할 일이다.

살림살이가 없으니까 방안은 마치 막 이사를 떠난 집처럼 휑한 모습이
다. 여성만의 은근한 품목들도 일체 안 보였다. 화장품은커녕 거울조차도.

오히려 화장품은 내가 사야 할 형편이다. 벌써 로션도 떨어지고 세안용
크림도 떨어졌다. 짐을 가볍게 하려고 작은 샘플만 가지고 왔더니 다시
구입해야 할 처지다.

루이 엄마는 어떤 걸 쓰냐고 물어봤다. 피부는 고운데 방안에 화장품이
라고는 보이지 않으니까. 혹시 어디다 감춰 놓고 쓰는 건 아닌가 하고.

"시집오는 날 발라보고 지금까지 바른 게 없어요."

이 정도니 이 여인 앞에서 화장품 운운 하는 건 사치다. 난 화장품이 급
한데 하고, 사러 나가겠다는 말도 아예 할 수가 없었다. 이참에 그녀처럼
내 피부도 자연스럽게 놔둬야겠다. 아마 머리털 나고 처음 일거다. 그녀
도 여자인지라 아침에 일어나면 얼굴에다 꼭 하는 게 있었다.

"루이 엄마? 이마 가운데 붙이는 앵두 같은 거 말야. 그건 왜 붙여?"

"빈디^{띠까, Tikka}요? 남편 있는 부인은 반드시 해야 해요."

"그래? 그럼 결혼 안 한 여자는?"

"요즘은 멋으로 아무나 다 하는데 원래 처녀들이
랑 과부는 못해요."

"비싸? 화장은 안 하면서 그것만 하니까 이상해
서."

"이것이 화장인데요."

빈디를 한 여인

그러고 보니까 우리처럼 뽀얗게 분칠하고 입술 빨갛게 바른 여인들을 본 일이 없다. 타고난 검은 피부에 까만 눈동자, 여기에 빨간 빈디를 앙증스럽게 붙인 모습이 인도 여성들 하면 떠오르는 전형적인 캐릭터.

이 사람들은 속옷이나 살림살이, 화장품에는 관심이 없는 것 같다. 그러면서 자신들이 입고 있는 멕칼라 사돌에는 지나칠 정도로 신경을 쓰는 눈치다. 섹시하고 멋진 옷이지만 활동적이지 못한 게 흠이다. 어깨에 걸친 긴 숄이 거추장스러워 일할 때만이라도 저것 좀 빼버리면 안 되나했다. 답답해보여서 꼭 그렇게 입어야 되냐고 물어봤다.

"이렇게 갖춰 입고 있지 않으면 루이 아빠가 뭐라 그래요."

"너무 불편하잖아."

"남편 체면 깎이는 것보다 낫지요."

"어이구, 어디가나 그 놈의 체면. 내가 시장 나가면 편한 옷으로 한 벌 사다 줄게."

"옷보다 당장 포크를 사야해요. 용자^{영자} 마담이 우리처럼 손으로는 밥을 못 먹잖아요."

무슨 얘기를 하는지 모르겠다. 오직 옷차림에다 희망을 두고 사는 사람들 같아 사주고 싶었는데. 기껏 포크라니, 그렇다면 내가 식사하는 걸 세세히 보고 있었다는 것이다.

말이 나왔으니까 얘기다. 이 사람들처럼 젓가락이나 포크 없이 손으로 밥을 먹으려니까 자꾸 흘려서 짜증이 났다. 애들도 아니고. 나 나름대로 아쌈인처럼 해 보려는 행동이었는데 따라하려니 쉽지가 않았다. 나도 모르게 인상 찌푸리는 걸 들킨 거다.

여행을 하다보면 각 나라의 문화와 습관 때문에 난처할 때가 한 두 번이
아니다. 할 수 있으면 따라하는 것도 현지인과 공감할 수 있는 하나의 방
법인데. 또한 이런 것이 여행의 묘미인데도 위에 열거 한 것 중 도저히 자
신 없는 게 하나 있었다. 바로 노팬티.

당장 내 이마 가운데에다 빈디부터 붙여봤다. 여기다 멕칼라 사돌만 입
으면 영락없는 아쌈인. 서양인도 아니고 같은 몽골계 동양인끼리 현지인
처럼 보이는 거 그리 어렵지 않다. 언제 날 잡아서 루이 엄마 옷을 입어봐
야겠다. 그런데 비쩍 마른 그녀의 옷이 나한테 들어나 갈까. 동네에 누구
XL 사이즈 없소.

빈디를 붙이고 멕칼라 사돌을
입으면 영락없는 아쌈 여인

별난 결혼식

과속 스캔들

차밭 사잇길에 바나나 잎으로 두른 예식장 초입

평소 때처럼 아침에 펌프 가에서 세수를 하고 있는데 동네 분위기가 다른 걸 느낄 수 있었다. 물동이를 머리에 인 여인들 발걸음이 빨라졌다고나 할까. 지나가는 남자 어르신들을 보니까 조금은 알겠다. 아쌈 전통 복장을 갖춘 걸 보면 무슨 행사가 있는 모양이다. 아래 위 흰 옷에 '까뮤사Gamusa, 전통 타월'를 목에 두루고 있었다.

참견이 하고 싶어 루이 엄마를 찾았다.

"오늘 동네에 무슨 일 있어?"

"언니도 저랑 같이 가요."

붉은 천으로 수놓은 간이 예식장

"무슨 일인데?"
"옆 블록에 사는 소모가 결혼해요."

이런 축제를 그냥 지나칠 내가 아니지. 신랑은 15살, 신부는 16살이란다.
곱게 차려입은 루이 엄마의 모습을 본 건 여기 와서 처음이다. 내가 가
진 옷들은 간단한 캐주얼 차림뿐이라 평소 입던 옷에다 어깨에 숄을 두르
니까 그런 대로 봐줄만했다. 디카를 들고 따라 나섰다.

차밭 사이 길로 걸어가는데 저 멀리 없던 간이 천막이 보인다. 마치 푸

른 벌판에 꽃이 활짝 피어 있는 듯하다. 벽면을 온통 울긋불긋한 천으로 치장한 게 보기에도 잔칫집 티를 내고 있었다. 바람에 펄럭거리는 천이 살풀이장단에 맞춰 나풀거리는 무희로 보인다. 아쌈인들은 축제 때 집 벽면에 화려한 치장을 한다. 들어가는 문에 바나나의 크고 긴 잎사귀로 아치 지붕을 만들어 놓았다. 소박하니 운치가 있다.

천막 안은 후덥지근했다. 벌써 애 어른 할 거 없이 농장 식구들 대부분이 모여 있었다. 여인들을 보니까 저마다 한껏 멋을 부린 차림을 하고 있다. 평소에 안면이 있다고 날 보고 웃는 사람들, 이리 오라고 손짓하는 모습들이 아는 집 잔치에 온 것 같았다.

낡은 비닐 장판이 깔려 있는 바닥에 오른쪽에는 남자, 왼쪽에는 여자와

성스러운 날 먹는 프라사담

아이들이 앉아 있었다. 나도 왼쪽으로 한 자리 끼어서 앉았다. 앞치마를 두른 루이 엄마는 임시 부엌으로 만들어 놓은 뒷마당에서 일을 돕고 있었다.

잔칫집하면 먼저 음식이 빠질 수 없다. 이중에서도 백미는 성스러운 의식에 꼭 있어야 하는 힌두교의 *프라사담^{Prasadam}. 이것을 먹는 사람은 축복을 받는다고 한다. 접시에 담아 놓은 걸 보니 바나나, 생강, 찐 콩^{Gram}이 섞여있었다. 갖은 곡식으로 만들었어야 하는데 비용이 드는지라 대충 흉내만 낸 것 같다.

음식을 받아드는데 기대와는 달리 풋내가 코를 찌른다. 이걸 먹어야 하나 말아야 하나. 고민하다 티스푼으로 떠서 맛을 봤지만 입맛에 맞지 않아 살짝 바닥에 내려놓았다.

이 사람들은 숟가락 대신 손으로 푹푹 퍼서 잘도 먹고 있다. 삽시간에 접시가 비었다. 며칠 동안 밥 구경도 못한 사람들 같았다. 먹기만 하고 예식은 언제 시작 할 런지. 우리네 예식장처럼 미리 식사부터 하고 예식을 보는 건 아닌지. 좀 더 기다려보기로 했다.

꼬마 신랑과 어린 신부의 모습은 어떨까. 얼마나 좋으면 결혼을 서둘렀을까. 둘이서 필이라도 꽂혔나. 그래도 그렇지, 데릴사위도 아니고 아이들이 무슨 결혼을 한담. 마치 내가 타임머신을 타고 조선시대로 돌아가고 있는 것 같았다.

---

* 프라사담
예식 때 먹는 음식. 바나나, 코코넛, 사과, 오렌지, 사탕수수, 생강 외 몇 가지 콩^{Gram}을 섞어 만든다. 커피 잔 만한 보타^{Bota}, 전통 놋쇠그릇에 담아 내온다.

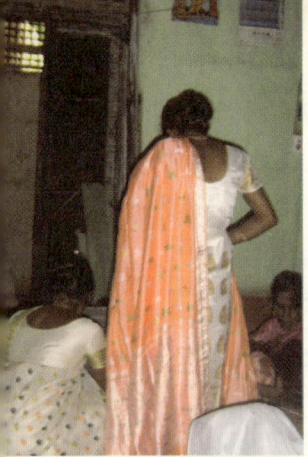

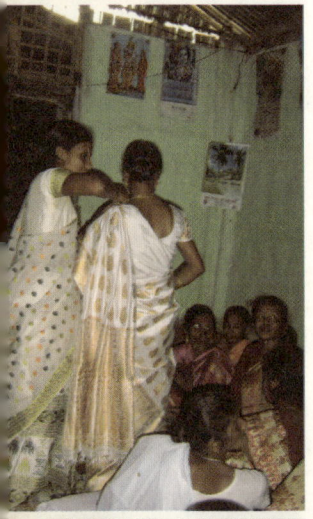

결혼 행진곡

이때였다.

어디선가 마치 정글 속에서 나무 줄 타는 타잔의 '오로로로로로로....' 하며 리드미컬 하면서 혀를 떠는 듯 하는 소리가 들려왔다. 아이쿠, 깜짝야!

해괴한 생음악을 깔고 뒤에서 연분홍 멕칼라 사돌을 입은 신부가 어떤 아주머니의 부축을 받으며 걸어 나오고 있었다. 얼굴까지 폭삭 가린 모양새가 꼭 보쌈 당해 가는 처자 같다. 이때 어디선가 들려오는 사람의 소리였다. 귀곡 산장에 온 게 아닌가 으스스하면서 불안하다.

놀랜 내 표정을 보더니 옆에 앉은 아낙네가 설명을 해준다. '잡귀야 물러가라' 하면서 혼인의 시작을 알리는 거란다. 타잔 영화에서나 볼 수 있는 기이한 소리는 즉시 떼쓰는 듯 목 놓아 우는 모드로 바뀌었다. 이번에는 신부가 '엉엉 흑흑' 울고 있었던 것이다.

가야금 현 찢어지는 소리도 아니고 어떻게 돌아가는 상황인지 정신이 하나 없다. 웅성웅성 대던 분위기는 찬물을 끼얹듯 어린이들까지 숨을 죽였다.

다시 내 귀로 아낙네의 설명이 이어진다. 이제부터는 친정 부모랑 헤어져서 신랑을 따라가게 되니까, 누가 먼저 선창을 하면 따라서 울어야 하는 풍습이란다. 즉 신

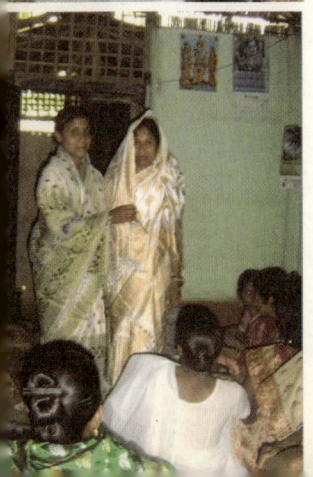

신부옷을 갈아 입히는
모나 엄마

부가 곡^哭을 해서 이별의 슬픔을 보여주어야 한다. 자식으로서 지금까지 키워준 부모에게 고마움과 아쉬움의 표현인 것이다.

호기심 반 놀램 반으로 왕방울 만해진 내 눈은 신부의 움직임을 따라가고 있었다. 디카를 꺼내는 것도 잊은 채. 아기들 있으면 경기라도 일으키겠다.

한국에서 내가 결혼식 행사의 축하 음악을 해줄 때 일이다. 현악 주자들이 발끝이 보일 듯 말듯 하는 까만 드레스를 입고 앉아서 신부가 들어오기만을 스탠바이하고 있다. 그러다 사회자가 '신부 입장!' 말이 떨어지자, 피아노 연주자인 내가 딴 따다다...딴. 따안, 딴... 하고 전주를 치면 즉시 감미로운 현 소리가 살포시 흘러나온다.

이때 신부는 한 발짝 한 발짝씩 떼면서 안으로 들어온다. 나를 비롯해 연주자들은 신부의 걷는 속도에 맞추어 박자를 조절한다. 순식간 사방은 고요하고 어둡다. 인생의 새 출발을 위한 선율이 고요히 흐르고 있다.

이상 다 그만두고라도 신부의 통곡이 입장 행진곡이라니... 해괴망측한 일을 다 본다.

신부가 갑자기 울음을 멈췄다. 그것도 서서히 그치는 게 아니라 아기들이 울 때 엄마가 뚝! 하면 멈추듯 했다. 내가 혹시 여우에 홀린 게 아닌가 싶어 잠시 정신이 멍. 나도 모르게 침까지 꼴깍 삼켰을 정도니까.

그제서 얼굴을 덮었던 솔이 제쳐 지면서 신부를 제대로 볼 수 있었다. 언제 울었냐는 표정이었다. 오히려 '내가 뭘 했는데' 하듯 차분했다. 졸지에 일어난 반전에 뭐가 뭔지 어리둥절 할뿐.

놀램도 잠시, 정신 바짝 차려야 다음 순서를 볼 것 같다. 하객들이 보고 있는 가운데 아주머니가 신부 앞에 놓인 화장품 상자에서 콤팩트분을 꺼낸다. 그러더니 신부 얼굴에 대충 발라 버리는 어설픈 솜씨가 형식적인 것 같다. 정성이 별로 없어 보인다. 신부라면 미리 화장을 하고 있을 것이지 이런 것도 예식의 일부라니. 아무리 문화가 다르다 해도 우습다.

이번에는 신부 옷을 입히는 순서. 옷이 아니라 옷감. 입고 있는 연분홍색의 멕칼라 사돌을 벗기고 황금색의 웨딩드레스로 갈아입히고 있다. 예식의 꽃 치고는 아주 초라했다. 골드가 행운을 상징한다나. 그래도 새 옷이니 다행이다.

거들어주는 아주머니 얼굴이 낯이 익다. 어디서 봤드라... 모나 엄마였다. 제대로 차려 입으니까 다른 여인같아 몰라본 것이다.

겨우 한숨 돌리고 디카를 꺼냈다. 소싯적 내 결혼사진이 떠올라 찍으면서 괜스레 내 볼이 발개진다.

"할로우? 신부"

유난히 큰 내 목소리에 신부가 디카를 쳐다보는 순간, 찰칵! 찰칵!

디카 액정 화면을 보니 어린 신부의 얼굴이 심상치 않아 보인다. 눈빛이 슬퍼 보였다.

좀 더 눈 여겨 보는데 이런... 배가 볼록했다. 대략 임신한지 5개월은 됐지 싶다. 신부의 옷이 우리처럼 허리를 조이는 게 아니라서 자칫하면 몰

라 볼 뻔했다. 수 십 년을 같이 살 건데 뭐가 그리 급해서. 굴러가는 가랑
잎만 보아도 깔깔 댈 나이에 애 엄마가 된다니... 쯧쯧!

실컷 축하를 해 주어야 하는데 내 기분은 가라앉고 있었다. 아이들이 화
면을 서로 보겠다는 걸 짐짓 모른 채 하고 다음 차례를 기다리고 있었다.

드디어 기다리던 패물이 공개되면서 솔방울만한 아이들 눈이 상자를 따
라 우르르 한 쪽으로 쏠려갔다. 내 디카도 덩달아 바빠졌다. 아주머니가
상자를 활짝 열어놓고 주욱 돌린다. 우리네 사주단지 보여주듯. 아이들
눈동자가 금세라도 패물 속으로 떨어질 것 같다. 고작 은반지 하나만 들
어 있었다. 반짝이는 금이라도 볼까 기대 했던 아이들이 실망스러워하는
눈치다. 나 역시도 못내 아쉽다. 그러나 은반지 하나라도 패물은 패물이
다. 신부의 예복과 패물은 신랑 측에서 준비한 것인지 궁금하다.

양가 어른들 앞에 접시들이 분주한 걸 보니 쉬는 시간 같다. 전반부를
끝내고 본격적인 예식으로 들어가기 전이다. 신부의 표정이 자꾸만 눈에
걸렸다. 혹시 입 덧을 하나... 루이 엄마한테 이것저것 물어 보려는데 어
디에 있는지 보이지 않았다. 그럼 나도 쉬면서 디카의 건전지를 갈아 끼
워야겠다. 아직까지도 귀가 얼얼하다.

혼례식

코코넛 두 잎사귀가 담긴 보타

방 한가운데에 코코넛 두 잎사귀가 담긴 '보타Bota, 전통 놋 쇠그릇'와 힘의 상징인 '시와 Shiva 신神' 형상이 놓여있다. 신랑 신부가 맞절을 하면서 본격적인 혼인 예식으로 들어 갔다.

꼬마 신랑 얼굴은 앳되고 선한 인상이다. 어르신들처럼 전통 복장에 빨간 무늬가 있는 카뮤사를 걸치고 있었다. 예복에 갖추어야 하는 황금 선이 있는 모자도 썼다.

신부 못지않게 신랑도 곧 아빠가 될 것이고 집안에 가장 노릇을 해야 한다니, 부모들이 한동안은 보살펴줘야 할 것 같다.

행운을 상징하는 코코넛 잎은 두 집안이 '한집안 됐음'의 표시. 예식에서 빠져서는 안 되는 필수품이다. 반지 대신 신랑이 색시에게 목걸이를 걸어 줌으로써 두 사람이 '하나 됐음'의 징표. 내가 있는 자리가 당사자들과 조금 떨어져 있어 자세히 보이지는 않지만 목걸이 소재가 색색의 실 같았다.

하객들 숨소리마저 들릴까 말까하는 가운데서 내가 눌러대는 디카의 찰칵! 찰칵! 대는 소리는 유난히 크게 들렸다. 액정 화면으로 확인해 보니까 역시 실로 엮은 매듭 목걸이였다. 선물(?)을 받은 신부 표정은 여전히 굳어있었다.

이번에는 양가 상견례 순서.
양쪽으로 부모와 직계 형제들이 각각 앉아 있다. 중앙에 있는 트렁크와 보자기에 폭 싸인 보따리가 유난히 내 눈을 끌고 있었다. 저 속에 뭐가 들어있을까.
양가 어르신들이 서로 인사를 주고받은 다음, 물건 앞에서 신랑 부모가 다시 한 번 깍듯이 절을 올리는 걸 볼 수 있었다. 도대체 저것이 뭐 길래 그럴까. 마침 루이 엄마가 지나가고 있어 살짝 물어보니까 신부 측이 준비한 예단이란다.

예단 앞에서 큰절을 하는 모습

"왜 사람이 아닌 예단에 절하는 거야?"

"부부들에게 행운을 비는 의미예요."

단지 행운을 빈다는 이유로 저렇게 극진히 절을 할 수 있을까. 내가 보기엔 선물이니까 절을 하는 것 같았다. 계속 이해할 수 없는 일만 벌어지고 있다.

"그래? 그런데 신부는 좋지가 않은가봐. 얼굴이 계속 왜 그렇지?"

이때 얼른 그녀가 내 팔을 붙잡고는 바깥으로 데리고 나갔다. 고개를 사방으로 한 번 둘러보고는 자기 손을 입에 대고 쉬쉬, 나보고 조용히 하라는 표시다. 무슨 거창한 비밀이라도 있는 걸까.

"언니만 아세요. 남자가 겁탈을 해서 억지로 가는 거예요."

하마터면 손에 들고 있던 디카를 떨어트릴 뻔했다.

"신부 부모님이 임신한 사실을 알고 급히 서둘렀어요."

"당한 것도 억울한데 시집까지 보낸다니 말이 되냐?"

소리를 꽥 질렀다. 솟구쳐 오르는 울분을 삭이지 못하는데 소리라도 질러야겠다. 아직도 조선 여인상을 이어가고 있다니, 기가 막혔다. 어쩌면 좋담.

인도의 결혼 지참금 문제가 해외토픽으로 기사화 됐었다. 일전에 한국 TV에서도 방영 한 적이 있는. 지참금이 적다고 시댁에서 매를 맞고 쫓겨났다, 사랑하는 사람이 있는데 돈이 없다는 이유로 남자의 부모가 반대를 해서 여자가 목을 매고 자살을 했다, 또 아들 둔 부모는 며느리의 혼수품으로 한 밑천 잡아 몇 년을 잘 산다는 기사였다.

그래서 소모의 시부모 될 분들이 혼수품 앞에서 절을 정성껏 했나보다. 식사비만을 뺀 신부가 입은 웨딩드레스하고 패물 비용은 모두 여자 측에서 준비했다. 그러니까 남자는 몸만 간다는 얘기인데 평생 여자를 먹여 살리니까 그렇단다. 옛말에 '딸 둔 죄인'이라는 말이 있다. 딸을 둔 부모의 처지를 말한다. 이래서 더욱 더 남아를 선호하는 현상이 벌어지고 있는 것이다.

흔히들 인도를 전통과 현실이 공존하는 나라라고 한다. 그러나 관심을 갖고 들여다보면 여성들만이 받아야하는 서러움의 골이 깊다. 홍차의 숨겨진 모습만이 서러운 게 아니다.

말도 많고 탈도 많은 지참금! 2001년에 법으로 폐지됐다. 그러나 폐지된들 혼사만은 전통을 고집하려는 뿌리가 깊다.

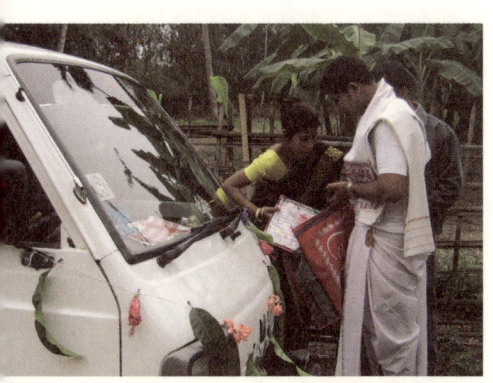

웨딩카와 신랑의 모습

지금 소모의 친정 부모님도 혼수 장만하고 잔치하느라 빚을 졌는지도 모르는 일. 결혼잔치가 빚잔치로 번질까 걱정이다. 이렇게 하면서까지 싫다는 결혼을 꼭 시켜야 될까. 체면이 뭐길래.

평소 동네에서 안면이 있는 남자가 필름을 넣는 구식 카메

라로 신부에게 계속 초점을 맞추고 있다. 예식은 꼬박 두 시간을 채우고 끝이 났다.

하객들은 밤새껏 놀다가 다음날 먼동이 틀 때 쯤 돼서야 집으로 돌아간다. 나는 밖으로 나와서 디카의 액정 화면으로 결혼식 장면들을 보고 또 돌려서 다시 보았다. 아득한 슬픔 같은 것이 내 가슴 속에서 치밀어 오른다. 문화야 얼마든지 다를 수 있지만 그 문화가 사람들에게 행복하지 않다는데 고민이 있겠다.

소모의 꼬마 신랑이 모나 아빠같이 주정뱅이가 아니기를, 마누라를 존칭하는 마늘님한테 손찌검을 하는 그런 사람이 아니길 바라는 마음이다.

지구촌 별난 세상을 다 본다. 내셔널 지오그래픽 National Geographic 에서도 보지 못했던 콘텐츠다. 나홀로 여행자만이 만끽할 수 있는 특종이다. 마치 내가 탐험가라도 된 듯 어깨가 으쓱해진다. 그러나 마음 한편을 누르고 있는 묵직한 돌멩이는 쉽게 내려갈 것 같지가 않다.

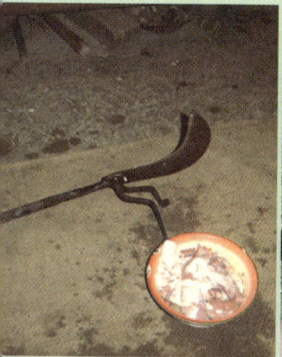

1 2 3
4 5 6

1 아쌈 전통 부엌칼
2 설날에 새옷 입은 아이들
3 교복 입은 모습
4 아쌈 여인들과 아이들
5 아쌈의 남자들
6 차밭 아이들

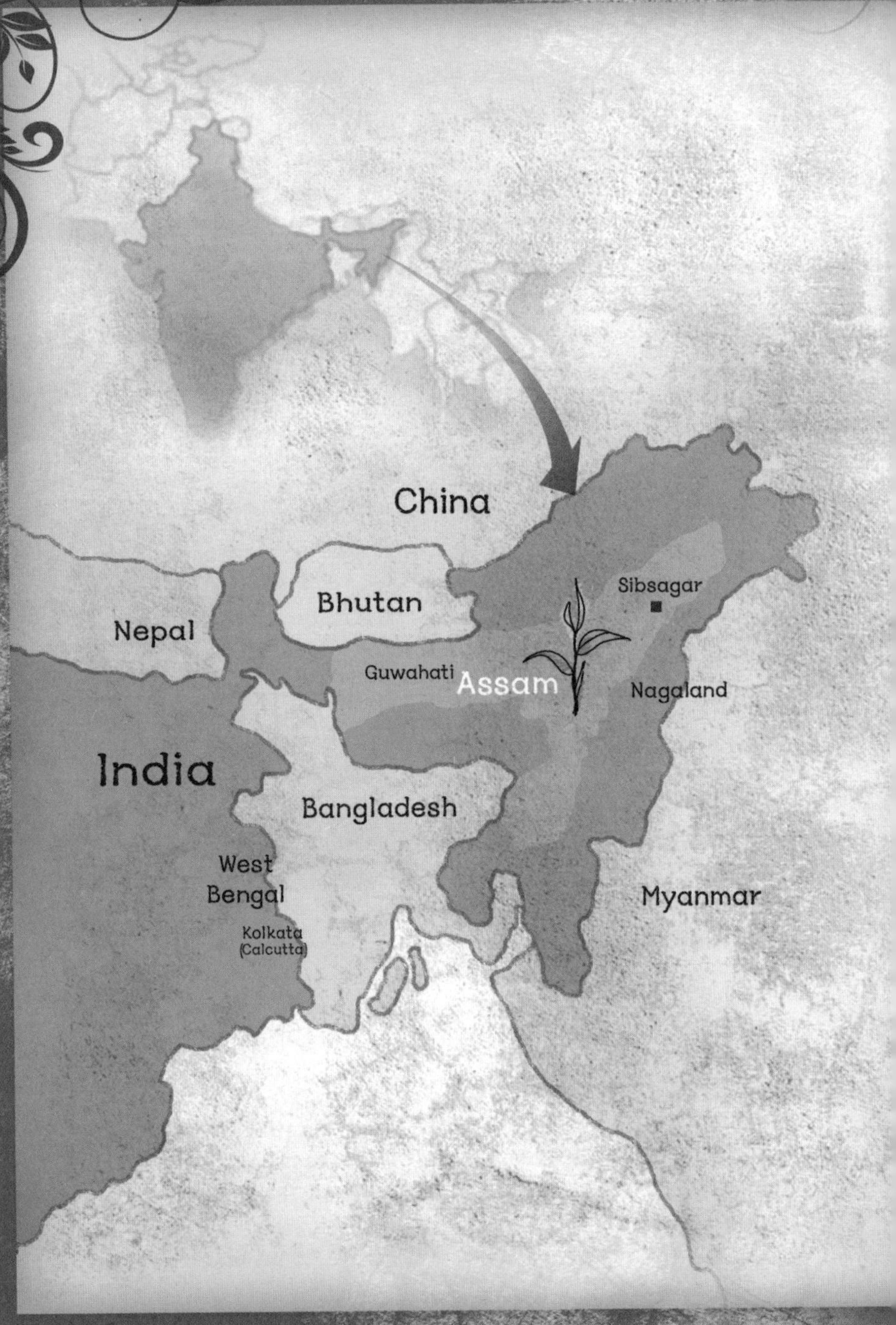
China
Bhutan
Nepal
Sibsagar
Guwahati
Assam
Nagaland
India
Bangladesh
West
Bengal
Kolkata
(Calcutta)
Myanmar

아쌈, 홍차 곁으로

Black Tea

홍차가 대체 뭐길래

홍차로 태어나다

찻잎 따는 아쌈의 여인들

차밭 여인들이 아침이면 드리는 의식이 있다. 차밭에 들어서자마자 두 손을 모아 합장 한 다음 오른손으로 이마에 대고 입술에 댔다가 다시 합장을 하는 예불이다. 광활한 초원에 서서, 솟아오르는 태양을 향해서 기도하고 있는 이들의 모습을 상상해 보시라. 밀레의 그림, '만종'에 등장하는 주인공들과 다를 바가 없다.

이들은 밥은 굶어도 신에게 드리는 예불은 빠트리지 않는다. 신이 내린 초록 융단, 일용할 양식을 준 대자연에 대한 감사다.

찻잎 따는 일은 의식을 치른 다음에 시작했다. 잎 따는 것만도 그렇다.

아무 때나 따는 게 아니다. 청명한 날, 해 뜨기 전에 이슬을 흠뻑 머금은 새순을 따야 하기 때문이다. 손톱으로 똑똑 끊어서. 이래야 밑에서 새순 올라오기가 수월하다.

때를 맞추려고 보통 애를 쓰고 있는 게 아니었다. 그래서 통 트기 전부터 일 나가려고 서둘렀고 비오는 날이나 흐린 날은 다른 일을 했다. 아무 것도 모르는 나는 루이 엄마가 먼동이 틀 때면 왜 하늘을 쳐다보나 했다. 그날의 날씨가 하루 일과를 좌지우지 했던 것이다.

홍차를 만들 때 찻잎을 따는 과정이 1단계다. 좋은 품질은 좋은 원료가 반이라는데 그렇다면 이 여인들이야 말로 차에 관해서는 달인, 명인이라고 해도 될 터.

홍차가 만들어지는 과정이 궁금했다. 공장을 가려면 농장에서도 한참 안으로 들어가야 한다. 뭘 타고 가야하나 잠시 궁리를 해본다. 걸어서 가기에는 멀고 중천에 뜬 해가 덥기도 하고 마음이 바빠졌기도 하다.

찻잎을 가득 실은 경운기

마침 깡마른 인부가 찻잎을 잔뜩 실은 경운기를 몰고 가는 게 보였다. 안 태워주면 어쩌나 하고 머뭇거리면서 택시 잡듯 한쪽 팔을 치켜 올렸더니

가다 멈추었다. 단야왓^{고마워요}.

울퉁불퉁한 길을 덜커덩 거리며 가는 게 영화 '워낭소리'에서 할아버지
가 소달구지에 타고 가는 한 장면이다. 짐칸에 짐이 너무 커서 차체가 자
꾸만 기우뚱거렸다. 잎더미에 기대고 있으니까 저 멀리 하늘과 땅이 맞닿
는 지평선이 보인다.

쪽빛 하늘에 뭉게구름 따라가는 나그네, 잠시나마 행복했다. 지붕 위에
는 빨간 고추가 고실고실 마르고 있었고 땅바닥에는 햇볕에 건조시킬 잎
들이 끝없이 펼쳐져 있었다.

생산 라인 공장은 아무나 들어오지 못하는 통제구역. 그래서인지 미로
처럼 생긴 길에 나무들이 우거진 틈으로 건물이 숨어있었다. 높이가 야트
막한 건물에 지붕마저 이파리 색깔을 하고 있어서 멀리서 보면 울창한 숲
에 덮인 창고로 보일 뿐이었다. 보안 유지에는 완벽해 보였다.

안으로 들어가니까 기름기에 찌든 번들번들한 기계들이 거창했다. 나와
마주친 작업반장의 눈이 놀란 토끼다. 공장에 외부 사람은 들어올 수 없
단다. 입구에 출입금지 팻말 못 봤냐고 딱딱거린다. 당장 나가란다.

그랬다고 그대로 물러설 내가 아니지. 여기까지 왔는데 다시 돌아가기
는 아깝다. 한 번 사정이나 해보려고 웃으면서 말을 걸었다. 안 되면 떼라
도 써봐야지 하면서.

"반장님 제가 홍차를 아주 좋아하거든요. 구경만 하고 나갈게요."

"미안해요 마담. 규정상 외부사람은 들어 올 수 없어요."

"구경만 한다니까요 홍차도 사 갈 거예요."

"홍차를 사시게요?"

물건을 산다니까 이 남자의 무표정했던 얼굴이 순간 펴진다. 나도 모르게 튀어나온 말이라 묻는 말에 딱 잘라 대답을 못했다. 인부들이 저쪽으로 간 사이 얼른 루피^{인도 화폐}를 꺼내 반장의 바지 주머니에 질러 넣었다.

"실은 저희만의 제조 비결이 있는데 외부로 새어 나가면 안 되거든요."

모처럼 히든카드(?)를 썼는데 잘한 처사인지 모르겠다. 하고서도 기분은 썩 개운치가 않다. 마음에서 우러나오는 설득을 했어야 하는데 나이가 들수록 성격만 급해져서 요령만 생기는 것 같다. 나 자신한테는 옐로우 카드를 발급했다.

공장에서의 일은 모두 남자들의 몫. 인부들 다섯 명이 한 조다.

말림 ⋯➡ 덖음 ⋯➡ 롤링 ⋯➡ 발효 ⋯➡ 가열 ⋯➡ 등급

만드는 순서대로 각자 맡은 파트에 모여 있었다. 드디어 일이 시작 되는지 장대비 쏟아지는 소리가 기계에서 나더니 인부들이 잽싸게 움직이기 시작했다.

이게 다 여인네들이 공들여 딴 잎들일까. 엄청난 양의 잎들이 홍차가 되기를 기다리고 있었다. 이 속에는 그동안 내가 딴 것들도 들어있다. 이것 따느라고 손톱도 까지고 얼굴도 검게 그을렸는데 마구 부서지고 가루가 된다고 생각하니 안타까웠다.

가마솥이 너무 커서 차라리 용광로라고 하는 편이 낫겠다. 다음으로는 덖음 파트의 인부들이 말린 잎들을 꺼내 기계틀에다 여러 번 비벼대고 있다. 긴 트레이 위에다 좍, 펼쳐서 뜨거운 공기로 건조시키는데 이것은 잎을 유연하게 하기 위함이다. 자연 햇볕보다 부드럽다고 한다. 타는 내음이 고소하니 일반 나뭇잎이나 진배없는 것 같다.

잎을 굴려서 S자로 꼬이게 하는 방법, 이번에는 롤링단계다. 잎의 수맥을 파열시켜 즙이 나올 수 있게 하는 방법이다. 이 과정부터는 햇볕에 말려진 잎들까지 거두어서 사용한다.

롤링과정을 거치면서 인부들 손이 더욱 더 일사분란 해졌다. 농기구들을 들고 있는 손목에 힘줄이 툭, 불거져 나왔다. 약속대로 입 꾹 다물고 구경만 하고 있는데 이때 작업반장이 내 속을 알아차린 모양이다.

"한번 해 보실래요?"

폭설이 내렸을 때 쓸어내는 큰 부삽을 쥐어 건네고 말린 잎들을 떠서 옆으로 옮기란다. 얼떨결에 부삽을 잡긴 잡았다만 멀건이 서 있으니까 이렇게 해 보라고 가르쳐준다. 한 번 해보려고 잎더미들을 부삽으로 뜰 찰라, 그만 바닥에 흩어져있는 마른 잎에 미끄러져버렸다. 부삽 무게를 내가 이기지 못한 것이다.

입을 봉하고 있던 인부들이 일제히 웃는 것이었다. 나는 민망한 나머지 얼른 구석으로 얼굴을 돌려버렸다. 처음으로 인부들의 웃는 표정을 보았다. 섣불리 아무나 하는 게 아니었다.

혀가 빠질 정도로 찜통더위다. 인부들은 땀을 줄줄 흘리면서도 덥다 소리 없이 묵묵히 일만 하고 있었다. 그러면서 물 한 모금 먹는 걸 못 봤다. 땀에 절인 작업복이 더 더워 보였다. 가냘픈 체격들을 보니 말라버린 이파리를 닮았다. 흔한 면장갑 하나 없이 맨 손으로 하는 게 마음에 걸렸다. 내가 쓰고 있는 막 장갑이 있는데 이거라도 루이 아빠 손에 끼워줄 걸.

롤링단계를 거쳤으면 시원하고 습기가 있는 방에 보관해서 발효를 시켜야 한다. 발효란 찻잎 속의 효소가 공기 중의 수분과 함께 생화학 변화를 일으켜 향과 맛에 변화가 일어나는 것을 말한다.

그래서 해 뜨기 전 이슬 머금은 잎이 좋다는 거다. 잎의 맛을 결정하는 가장 중요한 단계다. 반장의 얼굴에서 긴장감이 돈다. 나보고 잠깐 나가 있으라고 한다. 뭔가 내가 알면 안 되는 눈치다. 이때 나도 뭔가를 눈치 챘다. 이 공장만의 노하우, 제조의 비결은 발효에 있었던 것이다. 당연히 외부로 기밀이 새어 나가면 안 되는 것이다. 나가지 않고 좀 멀리 떨어져 있으니까 더는 말이 없다.

아쌈 찻잎

발효시킨 아쌈의 홍차

우리나라에서 재배하는 녹차, 그린 티Green tea란 발효가 30% 이하고 우롱 티는 반 발효라고 해서 40%~50% 정도. 아쌈 티, 홍차는 거의 완전 발효로 80%~ 95% 이상 삭힌 것을 말한다. 다시 습도로 건조시키는 가열단계를 거쳐 분말가루에서 온 잎까지 * 등급OP을 매기면 끝이다. 인부들 여럿이서 둥근 통들을 요리조리 옮기면서 각자 숨 한번 고르고는 손을 탁탁 턴다. 느릿한 걸음들이 멈추었다.

드디어 홍차로 태어나는 순간이었다. 휴... 하고 내가 다 가슴을 쓸어내렸다. 무려 4시간 가까이 걸렸다. 자리를 떠나지 않고 끝까지 보고 있는 나도 어지간했다. 보고 있는 것만도 지쳤다. 산모도 그 정도로 진통하다 아기를 낳으면 기진맥진해지고 기가 다 빠진다. 홍차의 산모격인 인부들의 땀과 노고에 기립 박수를 보내야 할 것이다. 감동이었다.

희미한 형광 불빛에서도 손놀림만은 정확했다. 장인 경지에 이른 솜씨들이다. 얼마나 긴장했으면 소주 몇 잔 마셔서 불콰해진 얼굴들이 되었을까. 한시름 놓았는지 작은 한숨이 들린다.

이들 모두에게 찬물이라도 한 그릇 가득 주고 싶었다. 얼른 내 가방 속에서 타월을 꺼내 인부들의 이마를 닦아 주었더니 수줍어하는 모습에서 갑자기 한국에 있는 남동생 얼굴이 떠올랐다. 웬일인지 인부들 입가에 간간히 미소가 번진다. 루이 아빠에게 물어봤다.

"무슨 좋은 일 있어요?"

* OPOrange Pekoe
원래 '나뭇잎만한 크기' 또는 찻잎의 명칭으로 사용한다. 또 중국말로 백발이라는 뜻인데, 나뭇잎 뒷면이 희다는 것을 가리키는 말이다. 홍차의 등급OP을 의미하기도 한다.

일이 잘 되었으면 보너스라도 나오나 싶어서다.

"이번엔 마지막까지 무사히 잘 넘어갔거든요."

그렇다면 사고가 종종 난다는 것인데.

채취에서 등급까지, 전 과정에서 한두 사람은 손가락을 다친다. 순간 가슴이 철렁거렸다. 내가 있을 때 아무 일도 없었다니 얼마나 다행인지 모른다. 대신 내가 액땜을 한 건지 마른 잎에 미끄러졌을 때 엉덩방아를 찧은 부위가 쑤셔왔다.

차나무에 매달린 상식들

　　차 역사를 따지자면, 단연코 중국. 청나라 때 영국은 중국의 차를 대량 수입하고 있었다. 영국 귀족들의 식탁에 없어서는 안 되는 식사의 한 부분이다. 이런 걸 잘 알고 있는 중국은 차를 팔 때 받는 값을 값비싼 은^銀만을 화폐로 고집했다. 은 조달에 한계를 느낀 영국이 중국에다 아편을 팔고 그 대가로 은을 받아 차 값을 치렀다.

　　아쌈의 차나무 역사는 아주 오래전부터 거슬러 올라간다. 원주민인 보도스^{Bodos}족이 이주해 오면서 차나무를 가지고 왔다고 전해지는데 정확한 역사의 고증은 1823년부터다. 영국의 탐험가 부르스 소령이 십사가르^{Sibsagar}에서 처음으로 발견했다. 원주민이 마시는 음료가 차나무에서 나왔다는 것을. 당시 아쌈은 잠시 미얀마^{예전의 버마}가 다스리고 있었을 때다. 심포족 족장에게 부탁해서 차나무를 본격적으로 키우게 되었던 것이다.

　　부르스 형제가 차에 대해 남긴 기록이 1836년의 『All about tea』 로버트 부르스^{R. Bruce}, 찰스 부르스^{C. Bruce}. 1839년 1월, 이들이 제다한 차가 런

던 인디아 하우스^{India house}에서 첫 판매를 했다는 기록이 있다.

그 이전까지만 해도 유럽 사람들은 차나무가 중국 외에 다른 나라에서는 절대 자라지 않는다고 믿고 있었다. 중국도 차 수출 무역권을 다른 나라에 뺏기지 않으려고 차의 종자, 재배 기법, 제다법 등 모든 것을 비밀리에 붙였었다.

그러나 행운의 여신은 영국의 식민지 아쌈에 있었다. 부르스 형제에 의해 세계 차 산업을 뒤흔들 홍차 혁명이 일어난 것이다. 중국 차를 마시던 유럽인들 중 4분의 3이 아쌈 차로 바꾸었다. 인도를 지배한지 불과 50년 만에 일어난 역사를 새로 쓰는 기적이었다.

1833년 조지 고든^{George gordon}이 중국에 갔다 와서 차 실험 단계에 들어간다. 2차로 1848년에 식물학자 포춘^{R. Fortune}이 중국인으로 변장을 하고 홍차의 기밀을 완전히 캐낸 다음 본격적인 인도 차 재배로 돌입했다.

인도의 주요 차 생산지는 뱅갈 주 북부 다르질링^{Darjeeling}, 남부 닐기리^{Nilgiri}와 아쌈^{Assam}이다. 아쌈 차나무는 히말라야 남부와 북동부에 인접한 아쌈의 신경줄 '부럼머뿌뜨라^{Bragmaputra}강'의 비옥한 구릉지대에서 재배된다. 몬순의 영향을 받은 적당한 기후 조건 덕분에 세계 생산국 1위이자 최고의 품질을 자랑한다. 현재 자국 내 생산 면적의 60%를 갖고 있다.

아쌈 종^{Camellia sinensis var, assamica}. 카멜리아^{동백나무과}과에 속하는 차나무^{Thea Sinensis}는 대엽 종이라고 이파리가 큰 종자. 잎의 질은 단단하고 약간 두꺼우면서 표면에 광택이 있다. 잎 뒷면에는 부드러운 털이 나 있다. 길이는

잎이 큰 아쌈의 찻잎

6~20cm, 폭 3~4cm의 긴 타원형으로써 가장자리에 둔한 톱니가 있고 끝 부분이 뾰족하다. 키는 10~20m로 차나무 치고는 키다리다. 뿌리는 아까시나무처럼 땅속 2m 까지 뻗어 내려가서 한번 뿌리내리면 옮겨심기가 힘들다. 늦가을 9월~11월 사이에 백장미를 닮은 아주 작은 흰 꽃이 핀다. 꽃이 활짝 피면 수술과 암술의 머리 부분이 밝은 노란색을 띤다.

열매는 진 밤색의 동그란 사탕 모양으로 동백의 씨앗과 같다. 자연스레 4등분으로 벌어지면서 속에 든 씨가 땅에 떨어진다. 꽃이 핀 뒤에 열매가 여물기 시작해서 이듬해 다시 꽃이 필 때 까지 열매와 꽃이 마주 본다하여 일명 '실화상봉수實花相逢樹'라고도 한다. 독특한 생태 구조다. 이른 봄, 일창이기一槍二旗, 한 가지에 찻잎이 두 잎의 새순이 솟아오를 때 딴다.

아쌈의 계절은 봄 여름 가을. 가장 추울 때가 평균 기온 섭씨 15도. 11월, 12월, 1월은 차나무의 동면기다. 휴식 시간인 셈. 이 나무에게 죽음이란 없다. 이것이 나무가 가진 미덕이랄까. 이때만 제외하고 항시 잎을 따도 자라고 또 자란다. 차의 생잎은 75%가 수분이다. 아무 잎이나 다 따는 것이 아니다. 줄기 끝의 바늘처럼 뾰족한 모양을 띤 가장 어린잎과 보송보송한 잔털이 많은 두 번째 잎, 그리고 세 번째로 붙은 잎을 딴다.

은은한 티 향에
빠져 볼까

홍차가 무슨
만병통치약이라도 된데?

아쌈 주민들이 마시는 물은 석회질 때문에 홍차로 식수를 대신한다. 친구 안솔리네 집에 있을 때다. 마실 물을 달라고 했더니 홍차를 내 오는데 처음에는 투명한 붉은 빛깔이 오미자차를 내오나 했다.

식수와 차의 원료는 티Tea의 등급이 다르다. 친구 말로는 가정에서 식수로 쓰이는 원료로는 온 잎 티, 즉 A급을 쓴다고 한다. 짜이 티는 밀크와 설탕을 넣어야 하니까 아래 등급을 써도 무방하다. 우리가 볼 때는 반대로 생각 할 수 있는데 오히려 차를 마시듯 늘 마시는 물을 더 중요시 여긴다. 식수에 대한 기본 사고가 다르다 할까.

이런 설명을 듣고 마실 물 좀 더 달라고 하니까 호호 웃으면서 실컷 마시라고 한다. 위에도 좋고 고혈압에도 좋단다. 비타민C 성분인 카테킨Catechines으로 감기 예방에 특효란다. 감염 예방에도 좋다고 한다.

아무리 자기네 것이라도 그렇다. 이건 좀 너무 한 거 아닌가. 5일장 장터에서 떠드는 약장수도 아니고 무슨 만병통치를 외치나 모르겠다.

95%까지 발효시킨, 폴리페놀Polyphenol, tannin 물질이 산화된 찻잎이 홍차

다. 찻잎을 넣고 달이다 보면 속살이 훤히 드러나 보이는 석류 알맹이처럼 투명한 선홍색으로 변한다. 유럽에서는 잎이 검다하여 블랙 티^{Black tea}, 동양에서는 색깔이 붉다고 해서 홍차^{Red tea}라 부른다. 봄날 차나무에서 연녹색으로 막 선을 보이는 이파리가 참새 혓바닥을 닮았다고 해서 옛 사람들은 작설차^{雀舌茶}라고 불렀다.

차의 성분은 여러 물질이 있지만 카테킨^{Catechine, 떫고 쓴맛}과 카로틴^{Carotene,} ^{비타민A 성질}, 카페인^{Caffeine}에 대해서만 짚어보겠다.

차 한 잔에
카테킨 성분
홍차〉녹차〉커피

카페인 성분
녹차 8.36mg. 우롱차 12.55mg. 홍차 25~110mg. 커피 60~120mg.
커피〉홍차〉우롱차〉녹차〉

카로틴 성분
차나무 생엽 17~18mg. 녹차 16mg. 홍차 7~9mg.
차나무〉녹차〉홍차

동의보감^{東醫寶鑑}에는 이렇게 쓰여 있다. 홍차는 쓴맛을 내는 카테킨 성분이 이뇨제 각성제 흥분제 역할을 해 주면서 피를 맑게 해 주는 영약^{靈藥}이다. 정신을 맑게 하고 소화액을 증가시킨다.

한국인은 이 같은 성분 중에서도 유난히 카페인茶素 성분에 예민한 편이다. 체질에 따라 차를 몇 잔 이상 마시는 날이면 잠을 설치게 된다. 바로 내가 이런 경우라 오후부터 차 종류는 자제하는 편이다.

네덜란드 의사 니콜라스 딜크스Nicholas Dilhs 1593~1674가 1642년에 출간한 『의학론Observation Me-dicae』 책에도 차를 마시면 결석, 두통, 감기, 위장병이 안 걸린다 고 쓰여 있다. '화위和胃, 위와 조화를 이루다' 는 홍차의 약효를 두고 한 말이다. 완전 발효와 폴리페놀 함량 감소가 위에 자극을 거의 주지 않는다는 뜻이다.

영국인이 아침에 눈을 떠서 잘 때 까지 왜 또 마시고 또 마시는지 알만하다. 곰삭은 식품들이 몸에 좋은 것처럼. 다만, 내가 여기 와서 보니까 우리가 흔히들 사용하는 티백Tea bag 제품은 좋은 등급이 아니라는 사실을 알았다. 분말가루가 티백에 싸여 있어서 속을 알 수가 없다. 반드시 유통시간을 확인하고 사용해야 한다. 그래서였나, 티백으로 우려낸 차를 마시면 속이 쓰리다는 사람도 있다.

서양에서 티 하면 홍차를 말하는 것이다. 전 세계적으로 생산되는 차 가운데 약 80%는 홍차다. 우리가 즐기는 녹차를 마시는 나라는 한국, 중국, 일본 이외 회교권 나라들이다.

우리는 어떤 차를 선호하는가. 2006년 한국차문화협회에서 100명의 차 애호가들에게 물어 봤다. 커피, 녹차, 일반 차, 홍차 순이란다.

마실거리에서
식문화로 이동 중

같은 땅에서 같은 햇빛을 받고 자란 찻잎이지만 언제 잎을 따서 어떤 방식으로 말리고 발효를 어떻게 하느냐에 따라 그 맛은 하늘과 땅 차이.

생산지 마다 잎에서 나는 향과 색과 맛이 조금씩 다르다. 북부 다르질링 잎은 진한 붉은 색이 나며 와인향이 난다. 남부 닐기리 잎은 짙은 색에 부드러운 맛이고 아쌈 잎은 연한 향에 부드럽고 달콤한 맛이 난다. 또 홍차를 어떻게 우려내느냐에 따라 맛이 다르다. 물과 시간과 점핑현상 Jumping, 끓일 때 물 속에서 통통 뛰 있는 일, 이상 세 가지를 꼽는다.

잎 속에 함유 된 카테킨에서 나오는 떫은 맛 때문에 우유와 블랜딩 하기에 제격이다. 이렇게 섞인 차를 이름 하여 인도의 상징, 짜이 Chai.

영국인이 아침마다 우유와 설탕을 듬뿍 넣어 마시는 아이리쉬 블랙퍼스트 Irish Breakfast, 즉 밀크티를 말한다.

인도인에게 있어 짜이는 그날의 아침을 열어 준다는 말이 있을 정도로 항상 곁에 두고 있다. 눈을 뜨면서 마시기 시작해서 자기 전 까지 장소 가릴 것 없이 마시는데 일인당 열다섯 잔정도 마신다. 짜이라는 말은 이것을 한 잔 마시기 전에는 일도 하지 않는다는 의미가 들어있다.

산들바람이 불자
홍차는 식혀지고
연인의 몸은 덥혀졌네
대지도 환희에 놀랐다네.

– 에드워드 영^{Edward young}

짜이 – Chai

　영국의 시인 에드워드 영의 시^詩에서도 볼 수 있듯이 영국인에게 홍차 사랑은 각별하다. 차는 유럽에 찌들어 있던 알코올 문화를 일시에 해소하는 역할을 했다. 아침부터 와인이나 맥주를 마시던 습관이 없어지고 모닝 티를 찾게 되었다. 이래서 점심 전과 오후 네 시경쯤 마시는 티 브레이크 ^{Tea break}를 즐기는 문화가 생겨났던 것이다. 1인당 하루 평균 예닐곱 잔의 홍차를 마신단다.

　원래 차는 귀족의 음료였다. 영국의 찰스 2세의 부인 캐서린이 시집올 때 혼수품으로 가지고 와서 아침 식사로 사용하기 전에는 남자들만의 차지였다. 그만큼 차는 귀하고 비싸서 당시만 해도 결혼 지참금 역할을 했다.

　티타임^{Tea time}이라는 용어도 귀족 부인들이 차와 케이크를 먹는데서 시작한 문화다. 에프터눈 티^{Afternoon Tea}는 우리의 새참을 말한다. 인도인들도 공식적으로 하루에 네 번 티타임을 즐긴다. 오후에는 파르산^{Farsan}이나 나슈타^{Nashta} 라는 스낵 류를 곁들여 먹는다.

19세기부터 식사용 음료로 자리매김 한 채 명성을 이어가고 있다. 홍차가 왕족에서 상류층으로 다시 서민층으로 일종의 식문화로 자리 잡은 데는 200여 년의 시간이 걸렸다.

언제부터인가 우리도 알게 모르게 이들의 차 문화를 흉내 내고 있다. 예컨대 커피숍의 원조 다방에서 내왔던 물 대신 보리차를, 엽차로 내왔던 것처럼.

웰빙족들 사이에서도 다도가 유행처럼 번지면서 어느 덧 홍차가 건강식품으로 등장했다. 다른 차와 더불어 처음에는 약재로 사용하다가 음료가 되고 이제는 먹을거리와 생필품으로 고부가가치의 산업이 되었다. 당연히 끓여 마시는 줄로만 알았던 차가 캔 음료, 홍차 캔으로 인기를 끌 줄 우리 부모들 세대에는 상상이나 했겠나.

감성세대란 개인을 위해 소비를 하는 층이다. 경기 불황에도 소비심리가 위축되지 않는 젊은이들이다. 점심 식사 값에 버금갈 정도로 가격이 밥값에 준하지만 차 한 잔을 마시는 사치가 하나의 트렌드로 가는 추세다. 홍차를 베이스로 한 다양한 음료가 출시되고 있다.

이들을 보면 출근시간에 쓰디쓴 차를 마시는 것으로 아침 식사가 바뀌고 있다. 마실 거리에서 주 메뉴 아이템으로 자리 이동 중이다. 차 한 잔과 비스킷 몇 조각이 한 끼 식사라니, 기존 식문화의 벽이 무너지고 있다.

세상 많이 변했다. 아무리 그래도 나 같이 식탐이 있는 사람은 뭐라도 먹어야지 안 그러면 뱃속이 허전하다. 글쎄다. 뭐가 정설인지는.

곰삭은 홍차에서 인생을 배운다

       찻잎이 발효되면 녹색에서 검은색
으로 변한다. 초창기에 이런 일이 있었다 한
다. 영국 사람들이 화물선에다 찻잎을 싣고
가는데 더운 날씨에다 햇볕을 받아 색깔이
검게 변한 걸 보고 상한 줄 알고 버리려고 했단다. 이때 누군가가 뜨거운
물을 한번 부어 보라고 했다지. 잠깐 우려냈다가 마셨더니 녹색의 차보다
맛이 더 좋아져 그때부터 달여 먹었다는 얘기가 있다.

       아주 옛날에는 생잎을 약으로 사용해서 껌처럼 잘근잘근 씹었다고 한
다. 덩달아서 나도 생잎을 따서 한 잎 베어 물자 쓴 맛에 도저히 안 되겠
어서 퉤퉤하면서 뱉어버렸다. 쓴 게 몸에 좋다고 해도 그렇지. 그런데 입
안에 남아 있는 미세한 차즙에서 상쾌한 향기가 도는 것이었다.
       분말 가루로 만든 것도 그랬다. 씹고 있으면 텁텁하면서도 보리 가루 씹
듯 시원하다. 육안으로 볼 때는 커피 가루라고 해도 모르겠다.

밤나무 속 얇은 막에 붙은 떫떠름한 맛이라고나 할까. 호두의 진가는 꼭꼭 숨어 있는 단단한 알맹이의 고소한 맛이다. 두 견과류의 합성된 독특한 맛이 홍차 맛이다.

우려낸 차를 마시고 나면 쓰다가도 뒷맛이 달면서 신선하다. 마치 박하잎을 씹은 것처럼 상큼한 여운으로 입을 열 때마다 공기와 어울려서 머리도 맑아진다.

차나무에도 생로병사가 있다. 차나무만이 갖고 있는 독특한 생태구조처럼 꽃이 핀 뒤 열매를 맺고 그 열매에서 새순이 올라와 소생한다는 법칙이다.

잎에서 가루, 다시 차로 힌두교에서 말하는 윤회사상이다. 어린 나이에 산화되어 홍차라는 화신化神으로 거듭 태어난다 하겠다. 생성에서 소멸, 다시 탄생. 사람에 비유하자면 불혹이 되서야 새 삶으로 태어나는 것이다.

사람들이 쏟은 정성만 하겠냐만 나무들도 나름대로 얼마나 많은 밤을 지새우고 땀을 흘렸을까. 수억 개의 꽃이 피다 지고 열매가 되어 다시 새 생명이 태어 날 때 까지. 서정주 시인의 『국화 옆에서』처럼 차나무에서 소쩍새도 그렇게 울었을 거다. 그러니까 사람의 중년이란 제2의 청년기인 셈이다.

흔히들 마실 거리를 모두 차라고 생각하는데 차의 원료는 오직 차나무뿐이다.

차의 결정체는 손과 땀으로 이루어진 역사라 할 수 있겠다. 나무에서 새순이 돋아나서 부터 공정을 거쳐 찻잔에 담겨지기까지 약 1년여. 곰삭을 정도의 긴 여정이다.

옛 부터 우리 조상들은 차 맛에서 희로애락을 터득하고 그 속에서 생활의 지혜를 가꾸어왔다. 단맛은 쉽게 입맛을 돋우기는 하지만 쓴맛을 대하는 만큼의 깊이는 없다. 인생도 쓴맛을 경험 할 때 내공이 생긴다는 의미다. 차 맛과 닮았다고 하지 않는가. 정성스레 우려낸 차 한 잔을 대하면 마음이 절로 숙연해진다. 잘 우려낸 차 한 잔은 화려한 설교보다 설득력이 있지 않을까. 그러고 보니 굳이 멘토를 찾으려고 허우적거릴 필요가 없겠다.

> *혼자 마실 때에는 정신을 가다듬게 하고, 둘이 마시면 흥취를 돋게 하며, 세 사람이 같이 마시면 맛의 이치를 깨닫는다.*
>
> *– 중국 고전에서*

또 차는 좋은 친구와 같다고 했다. 마실수록 그윽하고 깊은 맛을 아는 것처럼 친구도 사귈수록 깊은 정을 느끼게 된다. 보약은 쓴 법. 살면서 힘든 일이 닥칠 때면 홍차가 나를 위로해 줄 거다.

> *당신이 추울 때는 차가 따뜻하게 해주고 더울 때는 시원하게 해 줄 것이다. 우울할 때는 힘을 주고 기쁠 때는 차분하게 해 줄 것이다.*
>
> *– 윌리엄 글래드스톤 William Gladstone, 1842년 영국의 총리*

오후 4시의 티타임이 어떻게 생겨났나는 중요하지가 않다. 바쁜 가운데

자기를 돌아보고 한 박자 쉬어가기 위한 시간으로 보면 되겠다. 지나간 20대, 40대를 돌이켜보고 지금의 나를 생각해본다. 누군가가 나를 기억할 때 쓰디쓴 인연이 아니었으면 좋겠다. 곱씹을수록 고소한 맛이 도는 오후의 홍차가 되고 싶다만.

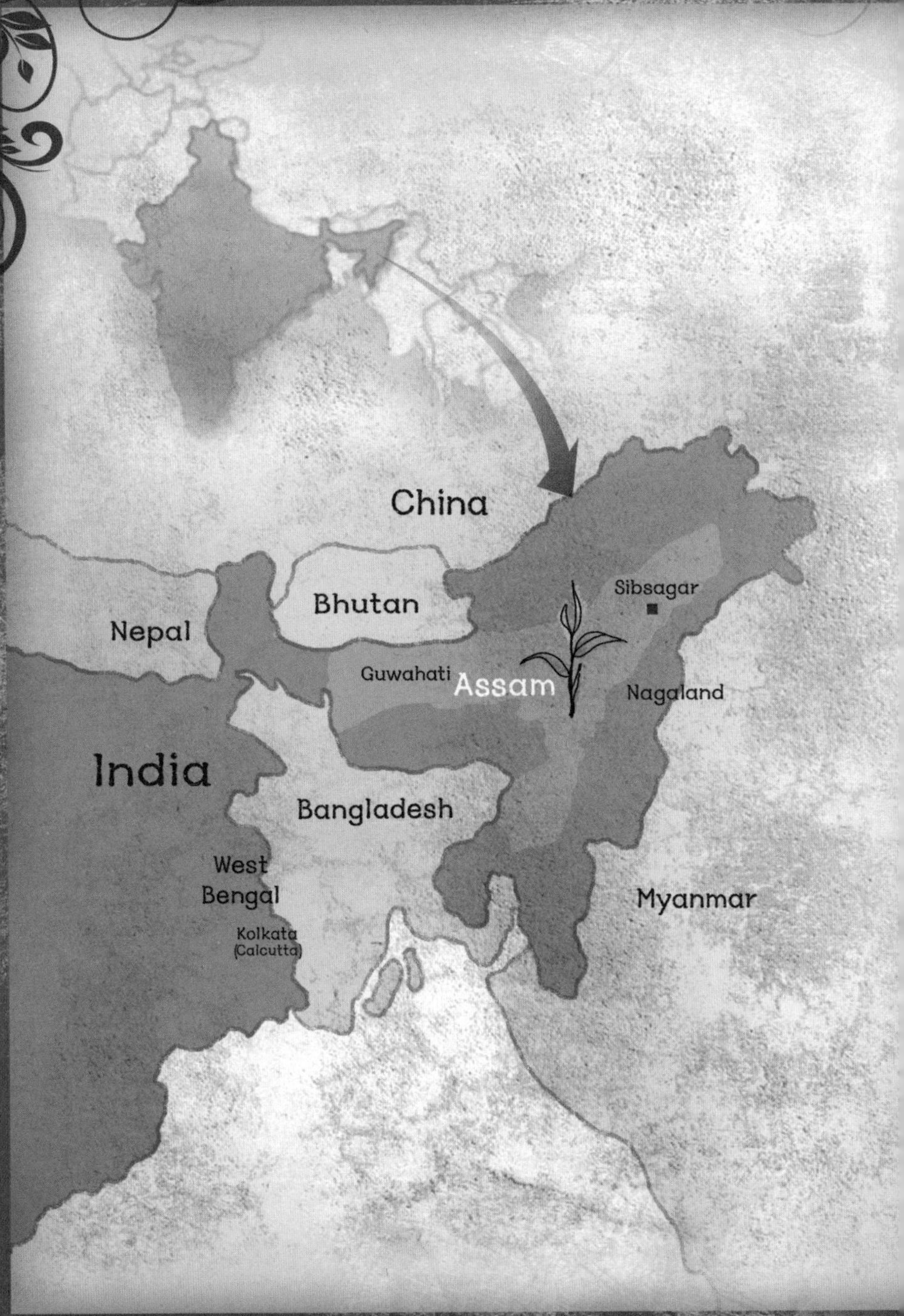
China
Bhutan
Nepal
Sibsagar
Guwahati
Assam
Nagaland
India
Bangladesh
West Bengal
Kolkata (Calcutta)
Myanmar

슬픈 차밭

Red Tea

주홍 글씨

역사는 돌고 돈다

　　여기 와 보니 지구는 곧 푸르다, 다. 누가 지구는 둥글다고 그
랬나. 누군가 그렇게 물었다면 나는 망설임 없이 '지구는 평평하다'고 대
답하겠다.

　　사방으로 눈을 돌려봐도 산등성이 하나 안 보이는 광활한 초원이다. 연
암 박지원의 '열하일기'의 한 장면이 떠오른다. 만주벌판에서 아득히 펼
쳐진 평야를 보고 대성통곡 했다는 대목. 연암이 단지 넓은 땅만 보고 눈
물을 쏟았을까. 그분이 살아계셨다면 이곳을 보고 부러워서 흘린 눈물만
으로 한강이 되었을지도.

　　마치 신의 선물인 듯 가도 가도 끝없
는 싱그러운 밭에 눈이 시릴 정도다. 이
런 아름다운 전원을 일구어온 주인공들
은 천민인 번디드The bonded족과 티이The
thea족이다. 인도 전체의 차밭 원주민을
얘기 할 때는 번디드족이라고 하고, 아
쌈 원주민을 부를 때는 티이족이라고
한다.

오로지 차^{tea}에 관한 일만 해야 한다. 조상 대물림으로 자식들도 마찬가지다. 족보란 천직을 말한다. 신이 내린 '까르마^{Karma, 전생의 업}' 다.

아쌈의 역사는 여러 민족으로 돌고 돈다. 영국에 의해 인도로 합병되기 전에는 우리한테 익숙한 버마^{지금의 미얀마}였다. 이전에는 1228년 타이^{Thai, 지금의 태국}의 아홈^{Ahom}족이 침략해 600년을 통치하다 1817년에 막강한 버마로 넘어갔지만 이것도 통치자의 부실로 차차 국운이 기울기 시작했다.

그럼 거슬러 올라가 그전에는 누가 통치했을까. 수십 개 소수민족으로 형성된 아디와씨^{Adivasi, 부족}였다. 당시만 해도 지금의 미얀마와 라오스 및 태국 산악지방의 부족들과 경계가 모호했었다.

그 후 영국이 버마를 몰아내고 일부 남아있던 아홈 왕국을 합병하여 영국 식민지 시대가 열린 것이다. 인도로 가는 길에는 우여곡절이 많았다. 한때는 뱅갈 주에 사는 이슬람교도들에 의해 아쌈을 동파키스탄으로 만들려는 계획도 있었다.

아쌈의 부럼머뿌트라 강 줄기

아홈^{Ahom} 왕조의 집무실

1947년 8월 15일 인도가 독립하면서 아쌈도 28개주 하나로 정해졌다. 아쌈 주 주위로 6개주가 둘러싸여 있다. 변방에 있는 7개 주 중에서는 정치 경제 교육 역사의 중심부에 서있다. 최고의 중심지이자 요충지이다. 중국과 부탄, 미얀마와 방글라데시가 인접해있다.

불과 10여 년 전만 해도 아쌈을 제외한 6개주는 위험주의를 요하는 지역이었다. 자국민도 타지 사람들은 방문 허가증이 없으면 들어갈 수가 없었다. 현재도 4개주는 허가증이 있어야한다.

이러한 지역적인 이유로 주위에서 몰려드는 난민과 반군들의 지하조직 때문에 인도 중앙정부나 아쌈 주에서 골머리를 앓고 있다.

많은 여행자들이 여행 가이드 론니 플래닛^{Lonely Planet} 인도 판 아쌈 편에 나오는 번드^{Bandh}에 대해 궁금해 하고 있다. 아쌈 만이 있는 비상계엄령을 말하는 것이다.

상황이 안 좋다 싶으면 지역안전을 위해서 주 정부에서 번드를 발령한다. 모든 공공기관과 학교, 상점은 문을 닫는다. 또한 버스를 비롯해서 모든 교통도 운행을 멈춘다. 아침 6시부터 저녁 6시까지.

나도 이런 내용을 읽고 떠나기 전에 현지인 친구한테 물어보았다. 괜찮다고 해서 출발은 했지만 조금은 겁을 먹고 간 것은 사실이다.

내가 머무는 동안 딱 한 번 번드가 있었는데 전날의 TV나 라디오, 석간신문을 통해서 사전 알림이 있었다.

마침 친구네 집에 있을 때였는데 주민들이 동요는커녕 별 관심이 없어 보였다. 직장인이나 학생들은 여느 때처럼 노는 날이라고 생각하는 듯했다. 분위기가 마치 공휴일 같았다. 몇 달에 한번 일어날까 말까하는 사건이다.

　오래 전에는 반군의 출몰로 불미스러운 일이 생겼다고 하는데 요즘은 그렇지 않다고 한다. 이런 이유로 인해 아직도 길거리 와인 숍의 앞면은 어디나 철조망으로 가려져 있다.

　설혹 여행자들이 여행하는 도중에 번드가 발령된 걸 몰랐다 해도 크게 염려를 안 해도 될 것 같다. 길가다 졸지에 닥치는 일은 없을 테니.

　도심에서 군인들이 자주 눈에 띄지만 표정들이 밝고 자유로워 보였다. 보기보다 아쌈은 인근 주에 비해 활기차고 안정돼 있는 지역이라는 걸 느낀다.

　아쌈의 면적은 78,438km^{남한 98,480km}. 면적의 4분의 3이 평야다. 수도는 디스푸르^{Dispur}. 인구 26,655,528명^{2001년 센서스 조사}중에 전통 부족 출신은 약 1500만 명. 이중에 티 부족^{Thea-tribes}과 번디드 부족만 현재 약 50만 명이다.

　언어는 현재 제일 많이 쓰고 있는 아쌈이즈^{Assamese}와 원주민이 쓰는 보도^{Bodo}어와 카르비^{Karbi}어, 세 가지가 통용된다.

　히말라야 산맥에서 내려오는 물줄기는 아쌈의 거대한 부럼머뿌뜨라^{Brahmaputra}강을 통해 메갈레^{Mghalaya} 주로 흘러간다. 이 강을 기반으로 차 잎을 따는 사람들이나 고기를 낚는 어부 꼬이보따족^{Koyiborta}, 쌀농사와 가축을 기르는 미씽족^{Missing}들이 대대로 이어진 것이다.

현재 15개 부족이 남아있다. 토종 원주민을 천민이라 함은 인도에서 수천 년 내려오는 카스트^{Cast, 계급제도}만을 인정하고 원주민을 무시한 주홍글씨다.

　　우연히 지나가면서 들은 말이다. 천민 중에 외지로 나가서 돈을 많이 벌고 처세술이 있는 사람들 중에는 거액^{약 100만원}을 주고 조상으로부터 물려받은 성을 바꾼다고 들었다. 양반이라는 신분을 돈으로 산다는 말이다. 오죽하면 이런 일이 일어날까. 낭설인지는 모르지만 그만큼 주홍글씨라는 계급이 개인에게는 엄청난 족쇄였을 터. 현재 한 차 농장에 인부들만 100여명이 넘는다. 노인들과 부인, 아이들까지 합하면 500여명에 130여 가구는 족히 된다. 이런 집단 농장이 아쌈에 850여개라니 엄청나다. 연간 40만톤 생산.

　　척박한 환경 속에서도 살아남으려는 끈질긴 생명력에 감탄한다. 족보라는 게 무엇일까. 어째서 이들의 역사는 돌고 돌아 바뀌지 않는 것일까. 천민

번드가 발령됐을 때
시내 군인들 모습

이라는 족보에서 빠져 나온 친구 안솔리네 조상들 역시 대단한 분들이다.

아득한 옛날 하늘도 없었고
아득한 옛날 땅도 없었네
하늘을 만들어야 해
땅을 만들어야 해
무엇으로 하늘을 만들지
무엇으로 땅을 만들지
   – 뿌리와 족보를 보존하기 위한 중국 윈난성 '이족'의 노래

만약에 아쌈이 지금의 방글라데시인 동파키스탄이 되었더라면 내가 지금 이 글을 쓰고 있을까. 알면 알수록 흥미진진한 게 역사다. 마치 양파 껍질을 벗기고 있는 기분이다.

에잇!
벼락맞을 놈

농장 소유주는 영국인이나 영국계 인도인. 한 달에 한 번 정도 헬리콥터를 타고 와서 간단히 시찰만 하고 떠난다.

실제 모든 경영은 매니저가 하고 있었다. 이 남자의 권력은 농장 안에서는 맘대로 휘두를 수 있는 힘을 가지고 있다. 누구라도 매니저한테 눈 밖에 나면 안 된다. 힘 있는 자가 힘없는 자의 먹잇감이라는 정글의 법칙이 존재하는 곳. 매니저 밑에 십장, 그 밑에 파트마다 10명이 한 분단, 작업반장 한 명. 철저한 수직 구조다.

루이 엄마한테 꼭 물어보고 싶은 게 있다. 평소에 여인들을 바라보는 매니저의 눈빛이 심상찮은걸 느꼈기 때문. 한번은 길을 가다가 흠칫 놀라며 옆에 있는 벽에 바짝 몸을 붙였다. 그리고는 고개를 거북이처럼 내밀어 방금 눈에 들어온 상황을 똑똑히 보았다.

길모퉁이에서 매니저가 게슴츠레한 눈으로 아가씨를 껴안고 입을 맞추려고 애를 쓰고 있었다. 졸지에 궁지에 몰린 그녀는 빠져나오려고 안간 힘을 쓰고 있었고.

이때부터 나는 저놈이 치마만 두른 여자만 보면 별짓 다 하지 않을까 예의 주시하고 있던 참이었다. 여자들만의 예민한 안테나라고나 할까.

"루이야, 매니저가 아가씨들을 볼 때 뭐 달라지는 거 없어?"

뭘요? 하면서 머뭇머뭇 거린다. 답답하다.

"아니... 무슨 말이냐면 여자들만 보면 눈빛이 이상해지냐고?"

순간 그녀의 놀란 눈빛을 보았다. 무슨 일이 있긴 있나보네.

"솔직히 말해봐, 난 여기 사는 사람이 아니잖아."

"실은 얼마 전에 옆집의 딸을..."

한참을 뜸들이다가 겨우 꺼낸 한마디에 잠시 정신이 아찔해진다, 뒤통수를 맞은 듯. 가슴이 철렁하고 머리끝이 빳빳이 솟고 있었다. 짐작한 바지만 내심으로는 그래도 '그런 일 없어요' 하길 바랐는데.

그 사람은 내가 첫날 농장에 들어오던 날부터 알아봤었지. 나를 보고 실시간으로 돌변하는 표정하며 건들 건들 한 폼이 그렇게 미울 수가 없었다. '지킬 박사와 하이드'에 나오는 연기를 하면 잘 하겠다 했었지. 설마 이렇게 대형 사고를 치고 있을 줄이야.

"그래서? 빨리 말해봐."

"나무 밑에서 목을 매고 죽으려고 했어요."

"이런 일이 전에도 일어났어?"

인도인 특유의 고개 짓으로 그렇다고 한다. 금수禽獸만도 못한 놈. 섬뜩했다.

안 봐도 알 만하다. 제멋대로 쥐락펴락 했을 거다. 이 죽일 놈이 한국 아줌마의 용감성을 모르나본데, 어떻게 해야 하나, 확 잘라버려?, 아니면 고발해. 머리에서 온갖 방법이 다 떠오르고 있었다. 이러면 절대 안 되는 거 알지만, 가스총이라도 내 옆에 있다면 이놈을 쏴 버리고 싶은 심정이었다. 서 있는 다리에 힘이 쭉 빠진다.

1984년 5월에 『이 세계 절반은 나』라는 고발 연극에 내가 출연 한 적이 있었다. 콘텐츠는 일본인 기생 관광 실태.

그때 성폭력 여성문제가 다시 고개를 들고 매스컴에서 공론화 되었지만 잠시 우~ 하다 사라졌다. 당시 기생관광은 여성계의 아우성으로 수그러들었다. 정부의 음성적인 지원으로 기생관광이 활개를 치던 1970년대, 주무부처인 교육부의 민 장관이라는 분의 대 공개 발언이 가관이었다.

"젊은 여성들이 외화 획득에 이바지하고 있다. 애국자입니다."

"그래? 그러면 당신 딸도 하라면 되겠네."

이말 저말 듣고 보니 이놈이 한 두 여자를 건드린 게 아니었다. 이런 일로 자살소동까지 벌어진다고 하니 이런 것도 모르고 마냥 좋다고 차밭 유혹에 빠져있는 내가 한심스러웠다.

그렇다고 나그네 처지에 달리 뾰족한 수가 있는 것도 아니다. 속으로만 끙끙거릴 뿐이었다.

시무룩하고 있는 그녀 옆에서 한참을 같이 있었다. 그녀도 딸 루이를 외지로 내보내려고 마음을 먹고 있는것 같다. 그런데 형편이 안돼서... 하며 울먹거린다. 아들이고 딸이고 아이를 하나 더 낳고 싶은데 두렵단다.

자살하려던 아가씨는 그날 이후 밤에 몰래 도망쳤단다. 나간 거는 차라리 잘 된 일인지도 모른다. 거기에 대해서 그 놈이 할 말이 없을 테니까. 이런데서 살아봐야 백날 아무 소용없다.

가난이 향기롭다니

차밭여인들 - 아쌈박물관 소장

남녀 하루 일당은 40~50루피당시 10루피에 약 1000원. 여인들이 뼈 빠지게 일해 봤자 손에 쥐는 일당은 겨우 입에 풀칠할 정도. 서민의 기초 생활비로는 한 달에 4~5만원 드니까 혼자 벌어서는 아이들 가르치는 교육비도 안 된다.

농장의 한 가구마다 1년에 한차례 작업복, 우산, 밀가루 한 포대, 10개짜리 양초 3통, 1kg의 티 등의 보조가 나온다.

부부가 꼬박 한 달 일해도 5~6만원 꼴이다. 일요일이나 평일에 쉬는 날은 그만큼 빼고 준다. 감기라도 들라치면 겁이 난단다. 세금을 안 내는 대신 의료 혜택이나 정부 보조금은 꿈도 꿀 수 없다. 아파서 병원이라도 가려면 농장을 나가야 되는데 이것마저 돈 때문에 제 때 못해서 서럽다고 한다.

일용직도 아니고 계약직도 아닌 노예직이라고나 할까. 무임금이나 뭐가 다를까만. 힘없고 가진 것 없을수록 더 뭉쳐야 되는데 다들 모여서 왜 목소리를 내지 못하는지 답답하다. 그러나 누구한테 큰소리를 치느냐다. 바닷물을 대접으로 푸는 격이라고나 할까.

욱! 하고 이마에 붉은 띠 두르고 으샤으샤 대는 노조부대 화면이 눈앞을 스쳐갔다.

'차라리 벼룩의 간을 빼 먹어라 이놈들아!'

농장에 사는 남자들 가운데 더러는 이곳이 싫어 가출을 해서라도 타 도시에서 사는 청년들이 있다. 작금의 변화에 바람이 분다고 할 수 있겠다. 그러나 대부분은 배우지 못하고 빈털터리라 박차고 나간다는 건 꿈조차 꾸지 못한다. 아이들하고 목구멍이 포도청인지라 집안 대소사가 유일한 나들이다.

아낙네들은 멕칼라 사돌The mekhala sadar, 아쌈의 전통여성 옷. 긴 천을 살 형편이 못 되니까 아무 긴 보자기나 긴 천이 있으면 옷감으로 대신했다. 너무 남

루하니까 내 옷이라도 주고 싶었다. 그러나 여성들의 옷만은 철저히 전통 옷만을 고집하고 있다. 한국의 재활용 옷들이 동남아로 많이 쏟아지고 있다. 그래도 보이면 집안에서라도 안 입겠냐만 아쌈 여성들 차지가 되기까지는 거리상 너무 멀다. 다행이 아이들에게는 우리가 입던 옷을 모아주는 종교 단체에서 지급되는 구호품이 있었다.

이들에게는 족보만이 대물림이 아니다. 가난도 대물림된다는 게 자식한테까지 피치 못할 걸림돌이다.

......(중략)
아버지의 가난은 때로 아름다웠으나,
나의 가난은 용서 받을 곳이 없습니다.

김용택 시인이 쓴 『세희』의 끝 구절이 이들의 한숨 소리를 깊어만 가게 한다. 툭 치면 쓰러질 그런 체구들이 일하고 들어와선 급히 저녁을 안친다. 어느 날인가는 반찬 할 짬조차 낼 수 없어 간장 하나만 놓고 밥 먹을

1 바나나꽃을 파는 노점 여인들
2 짜빠띠를 굽고 있는 여인
3 차밭 길가의 야채 장수
4 시장 입구
5 닭장수

때도 있었다. 돌가루도 아니건만 내 목에 밥알이 걸렸다. 사래 들린 양 쾌쾌 거리니까 오히려 미안해하는데 내 속은 앓고 있었다.

이 사람들은 맛을 음미하기보다 묵묵히 배를 채우는데 급급했다. 그런데 난 그동안 먹거리 앞에서 몸무게 1kg 이라도 늘어날까봐 칼로리 운운하며 깨작거렸으니.

누가 가난도 때로는 향기롭다고 했나. 한술 더 떠 누군가는 인도에서 빈자의 행복을 누린다고 했다. 가난 한 번 누려보시지!

나 역시도 여기서 살았더라면 궁색을 면치 못 했을 것이다. 현장^{차밭}에서 일 해보니까 나 같은 사람은 퇴출 대상감이다. 손가락이 굼떠서 손놀림이 민첩하게 되지 않을 뿐더러 느긋하게 한 자리에 앉아있지를 못하는 성미라 여기서는 아무짝에 쓸모없는 사람이다.

보기에는 이들이 설렁설렁 하는 것 같아도 손놀림이 보통은 넘는다. 이파리를 1분에 50개 이상은 따는 것 같다. 나야 대충 툭툭 풀잎 따 듯 하니까 이것으로는 하루 세끼 밥값도 안 된다.

하나님이 어련히 알아서 나를 대~한민국에서 태어나게 해주셨을라고. 그 이유를 여기에 와서야 알았으니. 이제는 머리까지 굼뜨나보다.

그런데 나도 모르게 갈수록 입이 거칠어지는 것 같다, 입도 굼뜨나!

1	2	3
4	5	6

1 바나나꽃
2 뱀부로 만든 배
3 실크 실 말리는 모습
4 꼴까따 전차 트램
5 아홈Ahom 왕조 시절의 수도
  십사가르Sibsagar
6 농장의 아이들

새처럼 날아봤으면

우리도 외국 나가고 싶어요

　　어느 날 모나 엄마하고 차밭에서 일하면서 만약에 돈도 생기고 시간이 있다면 제일 먼저 뭘 하고 싶냐고 물어 본 일이 있다. 이내 눈빛이 반짝이더니 여건이 주어진다면 아이들 대학까지 공부시키고 아쌈이 아닌 다른 도시를 구경하고 싶단다.

　　다른 여인들한테 물어봐도 두 가지 사항에서만은 이구동성. 그래서 내가 처음으로 차밭에서 일을 할 때 찻잎은 안 따고 내 여행담에 귀를 기울였던 것이다. 내가 인도의 다른 주에 대한 얘기를 해 주면 하루 일당을 제치고서라도 무척이나 열중했었지.

　　홍차 공장을 보러 갔을 때다. 제품을 등급 별로 나눠서 부대자루에 담아 놓으면 중간 상인들이 들어와서 20%는 인도 28개 주(州) 전역으로 보내고 나머지 80%는 영국으로 보낸다.

　　영국의 본 고장에서는 다양한 이름의 명품으로 재포장되어 세계 시장으로 나간다. 명가를 딴 이름에, 기업 이미지로 포장한 상표까지 홍차만으로도 브랜드만 수 십 종류다.

홍차가 영국으로 가기까지는 배편으로만 한 달여의 시간이 걸린다. 아쌈에서 화물 기차를 타고 뱅갈 주에 있는 꼴까따에 도착해서 다시 뱅갈만 Bay of Bangal kolkata항구로 이송된다. 여기서부터는 영국행 선박에 실리게 된다.

인부들 입장에서 보면 차Tea가 외국 갈 때면 애지중지 곱게 키운 딸 시집보내는 부모 심정 일거다. 기껏 귀하게 딸을 키워놨더니 거저 딸을 뺏기는 꼴이니까. 농부가 손수 지은 쌀 한 톨이라도 귀하게 여기는 심정일 거다. 명차茗茶는 천금과도 바꾸지 않는다는 옛말이 있다.

이들이야말로 생산의 숨은 주인공들이자 공로자이다. 이것이 화려한 홍차의 뒷모습이다. 주인공들은 오로지 여기서만 갇혀 살아야한다니 이건 너무 억울한 처사다. 이들도 외국에 보내 줘야 한다.

꼴까따의 하우라Hawrah 다리

꼴까따의 천차

인도는 인종과 역사가 다양하다. 땅도 대륙이라 불릴 만큼 넓다. 남한의 33배다. 인도 사람들 자신도 큰 도시를 가면 마치 외국에 온 것처럼 낯설단다. 이러니 다른 도시를 외국이라고 한들. 제주도를 가보면 마치 다른 나라에 온 듯 이국적으로 보이는 것처럼.

꼴까따는 1757년 영국이 인도를 식민지로 만들려고 노리고 있던 시절에 정치 경제 중심지이자 수도였다. 지금도 그 당시 건물들이 고스란히 남아 있는 곳이다. 영국까지는 못 간다 해도 외국 기분 낼 정도로는 꼴까따도 충분하다. 지금까지 이 사람들이 기차인들 타 보았겠는가. 아마 이들의 소원도 이런 걸 거다. 모나 엄마가 얘기 한 것처럼.

이미 모든 걸 체념한 걸까... 일을 끝내자 서둘러 공장을 빠져 나가는 뒷모습을 보는데 내 속이 다 허전할 정도. ABC 등급에도 못 드는 홍차만도 못한 팔자들이 가엾다. 갖은 각고 끝에 새로 태어난 홍차를 보고 있자니 이런 말이 생각난다.

'재주는 곰이 넘고 돈은 되놈이 번다.'

멀쩡한 정신으로는 버틸 수가 없어요

밭에서 일하다 말고 신기하게도 바쁜 일손들이 알아서 멈추었다. 무슨 일인가 했더니 물차가 와서 대기하고 있었다. 10시 새참 시간. 죽 서서 물을 받아먹는다. 나도 줄서기에 합류했다. 일을 얼마나 했다고. 얼추 보니 30여명은 되는 것 같다.

갑자기 시끌벅적해졌다. 그렇지, 잠시지만 수다 떨면서 쉬어야겠지 하는데 이내 다시 조용해졌다. 십장이 나타나자 마시던 컵을 놓고 부리나케 밭으로 향하는 걸 볼 수 있었다. 차밭에서도 눈치껏 해야 한다. 이런 스트레스를 참고 참다가 하쯔^{에는, 쌀 막걸리}를 마시면 울컥 터져 나오나보다.

본시 인도는 종교적으로 술 금지 국가다. 수많은 신이 있어도 주^酒신은 없다. 간혹 호텔 레스토랑이나 외국인이 많이 운집해 있는 곳은 술 코너가 있지만 공개적으로 마시는 일은 극히 드물다. 그런데 유독 아쌈에 와서 술주정뱅이들이 눈에 띄었다. 하다못해 공공장소에서 술 취한 공무원들이 혀 꼬부라진 목소리로 사람들과 말하는 게 보일 정도다.

와인 코너^{주류 판매점}가 커피 전문점처럼 곳곳에 있다. 집에서 만들어 음료처럼 마시는 하쯔만 빼고 다 판다. 이미 오래전, 가정집에서부터 술 문화가 자리 잡은 듯하다. 집집이 방문 할 때마다 손님 접대한다고 이 술이 나오니 말이다. 여기 농장이라고 예외가 아니었다. 다른 술을 접할 처지가 안 되니까 오로지 하쯔에만 집착하고 있는 것 같다.

하쯔라는 막걸리를 마시면서 우리와 닮은 맛에 놀랐고 루이 엄마한테 집에서 만드는 과정을 대충 듣고는 한 번 더 놀랐다. 쌀을 원료로 해서 누룩으로 발효시키는 우리의 전통 쌀 막걸리와 똑 같다. 아쌈과 인근 주에서만 있는 전통 주류 문화다. 전에는 집집마다 항아리에 담아 놓았다가 마시곤 했단다. 오래 전 우리 농촌에서 땅속에 묻어 놓은 항아리 밀주처럼.

밀주하면 생각나는 추억이 있다. 어렸을 적, 술에 가라앉은 쌀 지게미에다 설탕을 섞어서 마셨던 일. 달착지근한 맛에 멋모르고 한 잔 한 잔 하다가 취해서 휘청거리면서 해롱해롱 됐었지. 어른들이 보시면서 깔깔대며 웃었던, 동심의 어처구니없던 행동도 이젠 다 옛이야기다.

요즘 이곳도 변화의 조짐이 나타나고 있다. 전통적으로 주부의 손맛으

1 시장 노상 약장수
2 철망이 쳐진 와인가게 입구
3 무슬림의 물담배 피는 모습

로 빛을 발했던 하쯔가 쇠락의 길을 걷고 있는 것이다. 산업화의 물결에 떠밀리고 있는 추세다.

농장의 여인들이야 밭일하기에도 힘든데 술까지 담는다는 건 버거운 일. 더 이상 정성이 가고 시간이 오래 걸리는 수작업을 피하려한다. 편하게 돈을 주고 사서 마시면 되는데.

한 페트병에 15루피^{400원 정도}면 이들에게는 만만찮은 돈이다. 남자들은 카바이트로 익힌 5루피 짜리도 마신다. 몸에는 안 좋은데도 마셔야 피곤이 풀린다나. 이럴 땐 으레 모주망태가 되어 다음날은 '집에서 방콕' 이다. 몸상하고 일 못하고. 다들 부어라 마셔라 하는 게 딱해 못 보겠다.

특히 루이 아빠가 그랬다. 흔히들 말하는 처세술도 없고 약지를 못하다. 오히려 너무 우직해서 십장이나 동료들한테 왕따가 되기 십상.

타고 난 성격인데 어쩌라고....... 해서 또 한 잔.

어느 날인가 저녁 식사 후에 앞마당 평상에 앉아 있는데 동네 아낙네들이 하쯔를 들고 오더니 같이 마시잔다. 술이라면 사양을 해본 일이 없는 나로서는 따라 주는 대로 넙죽넙죽 받아 마시고 있었다. 달착지근한 게 입에서 당긴다.

여인들은 내가 술 좀 하는 게 좋은지 내 옆에서 계속 미적거리면서 갈 생각을 안 한다.

마시다 흥이 돌면 내 어깨에 손을 얹고 고개를 꺼떡대면서 손뼉치고 웃고 떠든다. 그러다 모두 입을 모아 배가 꺼질 정도로 아무 노래나 불러 재낀다. 나도 덩달아 무조건 따라 했다. 국제 공용어인 보디랭귀지다.

어느새 그녀들 손에 내 손이 꼭 쥐어지는 걸 느끼겠다. 가슴이 뭉클하다. 그런데 이러다가 한국의 마담이 주태백이라고 소문이라도 나면 어쩌지. 당분간 자제해야겠다.

저녁밥 하러 가는 시간이 퇴근 시간인 사람들. 하루가 고달프니까 술 없이 멀쩡한 정신 갖고는 잠이 안 온단다.

내 눈대중으로는 교회와 하쯔 말고는 하소연할 만한 게 없어 보였다. 이들에게 술이란 일상의 마실 거리이자 새참이다. 여기서는 하쯔가 스트레스 해소용이라는 하나의 기능이 추가 된 것뿐이다. 내가 한번은 맘껏 풀어줘야 하는데 언제가 좋을까.

암, 글로벌 친구가 되려면 나처럼 술도 할 줄 알아야지.

아쌈 차차 茶

이 농장 안은 별이 총총하게 뜨고 밤의 장막이 두껍게 내려지면 넓은 초원으로부터 완벽하게 격리된다. 그제서 둥그런 마당은 우리를 주인으로 맞는다.

밤하늘은 별자리 천지다. 꽉꽉 차 있어서 금세라도 마구 쏟아질 듯하다. 내 인생의 봄날이었을 시절, 만리포 해변가에 온 기분이다. 그 때는 하늘을 이불삼아 별을 벗삼아였었지. 언제적일인가 아스라하다. 별을 세고 있자니 두고 온 추억에 젖어 처량 맞다.

아낙네들이 손수 담은 하쯔를 페트병에 담아 왔다. 한 양푼 죽 들이키니 우리 입맛이다. 집 생각이 난다. 식구들은 잘 있는지 모르겠다.

가만있자 주(酒)님을 안 모신지 며칠이나 됐나 손꼽아 보았다. 간만에 마시니 목구멍이 부드럽다. 부드러운데 일단 한 잔만 더하고. 크윽! 들이킨 다음 양푼 잔을 옆 여인에게 돌렸다. 안주, 아예 없음. 술은 찌그러진 주전자에 담아야 제격이지만 양푼이나마 소탈하니 봐줄만하다. 우리가 술렁술렁 대니까 이웃 여인들이 다 나와서 바닥에 동그랗게 모여 앉았다.

하쯔가 자기들 앞으로 오기만을 기다리고 있다.

"자! 건배 짠!... 원샷" 우리말이다.

무슨 말인지 알든가 말든가 서로 부딪치고 들이켰다. 주거니 받거니 하며 두어 서너 잔씩 돌아갔다. 이 순간만은 다 같이 글로벌 친구다. 이럴 때 분위기 좀 띄어 볼까.

"노래 한번 해 보게, 친구들!"

한 손에 마이크를 잡는 시늉을 하면서 랄, 라라라 노래 부르듯 하니까 무슨 뜻인가 알아채고 자기네들끼리 서로 쳐다본다.

와.....짝짝짝짝 우.... " 나 혼자만 들떠서.

서로들 네가 하라고 툭툭 치면서 뒤로 빼더니 마지못해 한 여인이 뽑혔다.

우리네 민요처럼 질질 끌다가 가락이 올라갔다가는 내려오다 꺾기도 있었던 것 같다. 난 아무데서나 어얼쑤! 하고 추임새를 넣었다. 왠지 애달프다. 잘 하네.

그런데 이게 웬일이지. 멍석 깔아 놓을 땐 하지 않더니만 시작이 어렵지 불이 붙으니까 걷잡을 수가 없었다. 다들 한 잔씩은 걸쳤겠다 시키지도 않았는데 알아서들 질박한 가락을 뽑아냈다. 듣기만 하는데도 괜히 코끝이 찡해지는 것이었다.

짝... 짜악. 짝짝짜악... 손뼉이 반주다.

내가 하고 있는 축하행사 때 사용하던 탬버린 한 채만 들고 올걸. 가벼워서 짐도 안 되건만. 내 차례가 오면 무릎을 치면서 아리랑이라도 불러야겠다. 이참에 코리아 노래도 들려줄 겸. 단순해서 부르기도 쉽고 구슬픈 멜로디가 이들도 낯설게 들리지는 않을 거다.

그러나 내 차례는커녕 다들 흥에 겨워지니까 안절부절 주체를 못 한다. 궁둥이가 들썩이면서 서서히 일어서더니 춤사위 모드로 반전했다.

"좋~다. 어얼쑤! 신났어요."

"아~싸 아싸, 으~싸 으싸. 좋구나!"

이걸로는 성이 안 차는가보다. 드디어 다 같이 일어나 어깨를 들썩이며 양 팔을 올리고선 너울너울 댔다. 다들 신명이 나나 보다.

루이 엄마도 한 잔 했다고 고개 짓을 꺼떡꺼떡 대며 흥얼흥얼 거린다. 과묵하기만 한 줄 알았는데 놀 줄도 안다. 수줍어하면서 뺄 때는 언제고. 리듬에 몸을 맡긴 듯하다. 들~썩들썩.

서서히 몸 가누기가 무디어지면서 덩달아 춤사위도 더디어졌다.

"우...우우. 우...우우"

양손을 잡고 올렸다 내렸다가 빙빙 도는 게 우리네 강강술래다. 원을 그리면서 안으로 들어가다가 다시 나와서 넓게 푸는 춤 모습이 비슷했다. 우리와 닮은 춤사위에 내 마음도 아릿해진다.

대학에 갓 들어가 참석했던 신입생 환영수련회가 생각이 난다. 가기 싫은 거 억지로 갔었지. 수 십 년 전이지만 기억에 또렷한 건 동료들에 의해 모래사장 공터로 끌려 나가 강강술래에 동참했다는 사실이다. 춤을 이끌며 투박한 목청으로 뭔가를 외치던, 초년생인 나를 사로잡았던 그 풍물패의 선배들은 다 어디로 갔을까. 그때 클래식을 한답시고 누구하고도 어울리지 않고 비싸게 놀던 내가 지금은 우리 춤가락에 신바람이 나있다. 어디로 흘러갈지 사람의 운명이란 알 수가 없다.

풍악은 없었지만 흥겹기는 그만이다. 사뭇 고조된 얼굴에서 기분 꽤나 좋아 보였다. 얼마 지나면 이렇게 순박한 사람들하고도 헤어져야겠지....... 착잡하다.

이 자리에 돗자리 깔아 놓고 탁주 주전자에 김치 한 사발이면 우리네 시골 풍경. 어깨 짓에 두둥둥 장구 소리라도 불러 올까보다.

사방으로 페트병과 양푼이 널브러져 있다. 입에서는 쉬지 않고 가락이 흘러나온다. 여인들은 힌두어로, 나는 우리말로 제각각 흥얼대고 있었다. 우리의 흥얼댐이 조용한 밤하늘을 흔든다. 필을 받아서 2차라도 하자고 하면 어쩌나 했는데 누가 한국인 아니랄까봐, 음주 문화에 익숙한 나만의 쓸데없는 기우였다는 거. 제각각 언제 가버렸는지 모른다. 필름이 끊긴 건 아니지만 한두 가지는 가물가물했다.

그러고 보니 노는데 팔려서 그만 깜빡하고 사진 한 장도 못 찍었다. 여인들에게서 주사가 없는 게 얼마나 다행인지. 여기서 술이란 말 그대로 약주요, 택시 기사들이 즐기는 피로 회복제 박카스다.

쇼생크 탈출

루이와 천사표 루이엄마

소마리를 보고 있으면 어디서 그런 열정이 나오는지 늘 힘이 넘쳐 보인다. 집안일이나 찻잎을 딸 때 보면 그렇게 빠릿빠릿할 수가 없다. 순정만화 '캔디'에 나오는 슬퍼도 참고 어려워도 견디는 캔디 형이다. 캔디를 닮은 초롱초롱한 눈매와 수줍은 미소 속에는 따뜻한 정이 배어 있었다.

한 번은 차밭에서 점심을 먹는데 원아용 물통이 두 개 놓여있는 걸 보았다. 이보다 며칠 전에 식후에 짜이를 마시라고 주는데 내가 한 잔만 마시고는 사양 한 적이 있다. 그때 마침 그녀가 내 입맛을 기억하고 있었는지 덜 달고 덜 짜게 해서 내 것으로 하나 더 준비한 것이다.

이들에게 주어진 천민이라는 주홍글씨는 너무 억울하다. 어떻게 해야

지워질까. 나 혼자 열 받아서 목소리가 커지면 루이 엄마 말이 이것도 다 신이 주신 '까르마^{Karma, 업}'인데 날도 더운데 화내지 말란다. 한 술 더 떠 *불가촉 천민^{떠돌이}이 아니어서 다행이다 하는데 내 억장이 무너지는 줄 알 았다.

사람이 이름 따라 간다는 말이 있다. 외할머니가 지어주신 천사라는 뜻 을 가진 '소마리'라는 이름 때문일까. 그녀는 언제나 왜? 천사표가 돼야 하는지. 속상하니까 멀쩡한 이름 탓을 해본다.

마음 같아선 당장이라도 새장 문을 열어주고 날아가라고 하고 싶다. 소 마리랑 야반도주라도 해 볼까. 거사를 할라치면 제대로 계획을 잡아야 한 다. D-Day를 눈썹달이 뜨는 그믐날, 달이 지는 새벽에 잡아야겠다. 보름 달이 뜨는 날에는 가로등 켜 논 것만큼 환하니까.

구름에 걸린 반달이 점점 왼쪽으로 기울어지는 걸 보니 그믐 때까지는 아직 열흘 정도는 남짓. 그럼 난 지금부터 영화 '쇼생크 탈출'의 주인공, 앤디 듀프레인^{Andy Dufresne}이 되는 거다. 마음이 조급해진다. 그래도 서두 르지 말고 신중을 기해야 한다. 듀프레인의 계획은 주인공인 자신이 몇 년을 걸려 계획한 건데. 큰일 할 사람이 이거 며칠 더 못 참을까. 일단 예 행연습 삼아 나부터 잠복근무를 해서 새벽 적절한 시간과 장소를 물색해 봐야 한다.

이러다 보니까 루이 아빠랑 루이가 걸린다. 다시 계획을 수정했다. 그 럼 식구들 다 데리고 도망가는 걸로 짜 봤다. 전체 기획안을 보니까 마치

---

* 불가촉 천민
살갗만 닿아도 주변을 오염시킨다는 인도의 카스트 제도에도 못 드는 최하층. 달리^{dalit}라고도 부름

내가 독립 운동가라도 된 기분이다. 빨리 감기로 해서 시나리오(?)를 꼼꼼히 살펴봤다.

스릴도 있고 발상은 기특하다만 농장이 발칵 뒤집어질 어마어마한 사건이다. 집안 대대로 몰살당할지도 모르는 일. 할 수 없이 내 두뇌의 프로젝트는 없던 일로 돌려놓았다.

아마도 제발 나만 도망쳤으면 하는 사람이 매니저 일 거다. 어느 날 외계인(?)이 들어와서 잠잠한 농장에 파도를 일으켰으니. 여럿이 모여 밤이면 술을 마시지를 않나, 여인들을 꼬여서 시장을 안 나가나, 차밭에서 일은 안하고 수다로 하루를 안 보내나... 등등. 엄청 골치 아픈 군식구라고 생각할 터. 알아서 제 발로 나간다면 앓던 사랑니 빠진 것처럼 어이쿠 시원하다, 다행이다 할지도 모르는 일.

새도 날아 본 놈이 난다. 이들은 이미 날개를 잃어버려 문이 열려도 날아갈 수가 없다. 어느 덧 지금의 자리가 편안해 진 것이다. 사람이 길들여진다는 게 이렇게 무섭다.

차밭은 이제 더 이상의 평화로운 광고 속 이미지가 아니다. 비둘기처럼 평화의 상징도 아니다. 겉이 화려 할수록 안은 그만큼 더 어두운 법.

세계적인 명성을 가진 아쌈 티. 홍차의 맑은 모습 뒤에는 여인들의 한맺힌 사연들이 묻혀 있었다. '요람에서 무덤까지' 여기서 생을 끝낸다니, 참으로 기막힌 인생들이다.

1 슬리퍼 고리 (신발이 낡으면 고리만 바꾸어 신는다)
2 고기를 말리는 모습
3 사탕수수 주스 손수레
4 아홉 왕조 기념일의 축하 현판
5 부럼머부뜨라 강에서 잡은 물고기들

십자가를 찾아서

십자가 한 개가 벌판에 휑하니 서 있다. 바람 따라 이리저리 고개 짓을 하고 있다. 사탕과 과자를 들고 십자가를 쫓아 가 보니 역시 교회가 맞았다. 간이 천막 중앙에 십자가가 있으니 교회라 해야겠지. 겨우 벽만 가릴 정도의 천막집이 예배도 드리고 목사님이 사는 사택 역할을 했다.

넉넉한 미소를 가진 두 분이 집 앞에서 우물쭈물 대는 나를 보더니 어서 들어오라 한다. 인근 나가랜드^{Naga} 주에서 오신 목사 부부다.

아쌈 주와 경계인 남동쪽에 위치한 나가 ^{나가랜드 준말} 주^州는 일찍이 청교도들이 들어와서 유일하게 기독교 포교에 성공한, 주민 80%가 기독교인이다. 영국의 식민지로 있을 때였는데 영국국교인 성공회도 아니고 기독교라니 역사라는 게 참 아이러니하고도 흥미롭다 하겠다.

한국인과 닮은 목사님 부부(좌측에서 두 번째, 네 번째)

그곳에 가면 몇 집 건너 높이 솟은 십자가를 볼 수 있다. 우리가 사는 동네처럼 흔한 풍경이다. 여인들의 옷차림도 전통 사리가 아니다. 내가 입고 있는 옷과 별반 다르지 않다. 인도치고는 유별나고 낯선 곳.

몇 십년간 자치 독립을 외치고 있어 인도 중앙정부에 미운 털이 박혀 있다. 지금도 가끔씩 마찰을 빚고 있는 곳이기도 하다. 나가^{나가랜드 준말}주와 가까이 붙어 있다는 지형적인 이유로 아쌈 주가 골머리를 앓고 있다. 아쌈만이 있는 '번^{Bandhi, 비상 계엄령}'도 나가의 반군 조직 때문에 발령하는 경계태세이다.

아쌈에 와서 십자가를 보기란 좀처럼 보기 힘든 일. 주민들 80%가 힌두교, 10%는 이슬람교도인 이곳에 기독교가 발붙일 수 있는지 궁금했다. 그래도 이 농장 안에서 신도 수를 30여명으로 늘렸다는 것만도 대단한 일이다. 그간의 노고가 얼마나 힘들었을까.

"여기서 목회하신지 얼마나 됐어요?"

"3년요. 다른 티가든^{농장}에서 하다가 기독교를 반대하는 매니저한테 쫓겨나서 이곳으로 왔는데 여기도 언제 쫓겨날지 몰라요."

이곳에서 매니저라는 위상은 절대 군주나 다름없으니까.

일요일 날 예배 시간에 아이들은 1루피 정도, 어른들은 5~10루피 짜리 꼬질꼬질한 지폐를 헌금으로 낸다. 대신 교회는 스위트^{과자}를 준다.

목사님은 영어가 유창했다. 반면에 주민들이 영어를 모르니까 전도하려고 따로 아쌈 말도 배웠단다. 고향에서 가지고 온 성경책은 영어로 되어 있어서 볼 줄 아는 신도들은 거의 없다. 그래서 설교만하고 찬송가를 가르쳐 준다.

"보조가 있어요?"

"음... 조금요. 나가^{Naga} 기독교 단체에서 보내와요."

내키지 않은 대답을 하지만 표정만은 환하다. 이보다 농장 안에 사는 아이들이 더 걱정이란다. 초등학교가 있지만 부모의 방치로 다니는 애들은 극히 일부분. 돈도 필요 없고 가기만 하면 되는데도.

성년^{법적으로 남자 21세, 여자 18세}이 되기도 전에 이웃의 총각 처녀끼리 눈이 맞아 동거하기도 한다 했다. 남녀 사이라는 게 정분이 나면 대책이 없는지라 이럴 땐 부모들도 나 몰라라 한다니... 나서서 설득해주는 사람도 없고 도와주는 기관도 없는 이곳, 무지의 사각지대다.

"재미있는 스토리 한 토막 들려줄 게요."

그러더니 먼저 웃기부터 하신다. 무슨 얘기 길래 그러시나. 해질녘 즈음에 농장에 사는 한 아저씨가 부리나케 오더란다. 그러더니 '목사님 기도 해 주세요. 암탉이 여태 안 들어왔어요. 어떻해요?' 하면서 안절부절하더란다. 이런 변이 있나 하면서 위로라도 해 줘야겠기에 두 손을 꼭 붙잡고 하나님께 기도를 드렸다지. 뭐라고 했을까?

다음날 길 가다 만났는데 닭이 들어왔냐고 물었더니 '예, 덕분에요.' 하면서 고맙다고 인사를 몇 번이나 했단다.

닭이란 놈은 아침에 풀어 노면 본능적으로 해가 지면 들어오기 마련인데 보이지 않으면 도둑의 손으로 넘어 간 거다.

"얼마나 순박한 사람들예요. 이래서 저희 부부는 힘은 들지만 여기가 좋아요."

　목사님 옆에 계시는 부인은 연신 싱글벙글 이시다.

　성직자의 길은 인간의 뜻이 아니라고들 한다. 하나님의 부름을 받아야 한다는 뜻이겠다. 두 분들의 인상이 내겐 '나는 하나님의 사도요' 라고 쓰여 있는 것 같아 보였다.

묵주 대신
시와 신께

　　나 같은 나일롱 가톨릭 신자도 하나님을 찾을 때가 한 두 번은
있다. 우리 딸 고3 때였다. 그때 다음으로 기도를 많이 해보기는 아마 이
곳에 와서 일게다. 여행 시작부터 줄곧 나의 위로는 주님이었으니까.
　　별안간 찾으려니 낯간지럽기도 했지만 주님이 이해해주실거라 믿고 있
다. 집안 대대로 내려오는 모태 신앙은 어쩔 수가 없나보다. 묵주를 가지
고는 왔지만 혹시라도 이 사람들이 보면 거부감이라도 들까봐 배낭에서
꺼내지도 못했다. 식사 때도 속으로만 성호를 긋고 포크를 들었다. 며칠
은 그러다 언제부터인가 깜빡하고 밥부터 먹기가 일쑤.
　　어느 날인가 루이 엄마가 사당엘 같이 가자고 하는데 한 번 정도는 들어
줘야 될 것 같아 따라 나섰다.

　　지구촌 어디를 가나 우리는 세상의 모든 종교와 만나게 된다. 인도만큼
구석구석까지 신이 존재하는 나라는 없을 것이다. 종교인이 아닌 사람은
한 명도 없으니까. 누구나 나름대로 '내 안에 신'이 있다. 어느 집이나

집안을 자세히 들여다보면 반드시 한 쪽 구석에는 사당을 갖추고 있다. 그러나 가난한 사람들은 그럴만한 자리나 만들 여유가 없으니까 이곳 농장처럼 공동의 사당을 설치해 놓는다. 그래서 모두가 시간 나는 대로 틈틈이 찾곤 한다.

힌두교의 신은 너무 많아서 인도인 자신들도 종종 헷갈린단다. 3억3천만 명의 신이 존재한다고 할 정도. 대표적인 주신으로는 삼신三神이 있다. 창조의 신 브라흐마Brahma, 재생과 유지의 신 비슈누Visnu, 루이 엄마를 비롯해서 일반인들이 제일 많이 섬기는 *시와Shiva, 시바 신이 그것이다.

시와 신을 보니 잠깐 엉뚱한 생각이 스친다. 이들이 이래서 포크를 사용 안 하나 하고. 왼손에는 늘 힘의 상징인 포크를 닮은 삼지창 같은 도구를 들고 있다.

신 앞에 가기에 앞서 먼저 몸부터 정갈히 해야 한다. 그렇지 않으면 부정不淨 탄다고 이들은 믿고 있다. 그런데 루이 엄마 처지로선 시간도 안 나거니와 몇 가구가 공동으로 쓰는 펌프 주위가 허허벌판이라 제대로 씻기가 쉽지 않다. 그래서 할 수없이 발만 씻고 간다. 항상 이런 점이 아쉽단다.

신발은 물론이고 양말도 반드시 벗어야 한다. 인도 속담에 마음에 자유를 원한다면 우선 신발을 벗어라 했다. 정신을 맑게 하려면 육신의 모든 것을 먼저 내려놓아야 하기 때문이다. 이 사람들이야 늘 맨발이라 아무렇

---

* 힌두교hindism
3神중에 시와Shiva는 환상과 파괴, 고행과 명상, 청빈의 양면을 상징하는 신이다. 정력적이면서 괴력까지 지닌, 인간이 가진 다양성을 지니고 있어 가장 인간적이라고 한다.

지 않지만 문제는 나였다. 우
물쭈물하면서 벗기가 싫어 밖
에 서 있겠다고 했다. 그래도
벗고 같이 들어가자고 한다. 할
수 없이 시키는 대로 양말도 벗
고 슬리퍼도 벗어 놓았다. 맨발
을 보니까 마치 내가 옷을 다 벗
은 것처럼 부끄러웠다. 발만 자
꾸 쳐다보게 된다.

동네에 공동으로 설치된 사당 내부

그녀는 연거푸 절을 하면서 중얼중얼 무슨 주문을 외운다. 가톨릭에서
하는 성호를 긋는 거랑 비슷하게 오른손 중지 손가락을 이마에서 입으로
다시 두 손 모아 합장하고 구십도 각도로 절을 한다. 그런 다음에는 향불
을 피운다. 향가지 몇 개를 나에게 주더니 이번엔 내 차례란다.

평소에 제사나 예불하곤 거리가 멀었던 나다. 순간 이걸 해야 하나 말아
야 하나 생각하다가 대충 절하는 시늉만 냈다. 그러면서 속으로는 하나님
을 찾았다. 내 속을 이해해 주시리라 믿고.

살짝 내 뒤에 있는 그녀를 보니까 나한테 은근한 미소를 보내고 있다.
어설픈 내 모습이 오죽하랴. 따라하려니 벅찬 게 한두 가지가 아니었다.
끝나고 돌아오는 길이었다.

"루이 엄마? 기독교의 하나님은 어때? 싫어?"

"아니요. 신은 다 똑같은데 굳이 다른 신을 믿을게 뭐 있나요."

다신교의 성격이 짙은 인도의 힌두교. 그러나 신은 하나라는 걸 보여준 그녀. 전도를 하지는 않았지만 그녀한테 내가 한 수 배웠다.

　돌아오는 루이 엄마의 발걸음은 가볍다. 그렇게 힘들고 피곤해도 예불 만은 빠트리지 않는 그녀를 보고 있으면 가슴이 짠하다. 지혜롭고 마음씨 고운 여인이 어쩌다 이런데서 고생을 하나 모른다. 이런 걸 보면 신이 공 평한 것만도 아닐는지.

1 2 3 4

1 떠돌이들의 공연
2 폐타이어로 만든 양동이, 그릇들
3 과자장수
4 공연을 준비하는 떠돌이 아이들

초록빛 인생

Black Tea

영원한 푸른 동네

남은 여생은 티가든에서

요즘은 이런 생각이 든다. 이 여인들에게 내가 중독 된 것은 아닌가 하고.......

나도 모르게 이들의 사는 맛에 빠져 든다고나 할까.

들판을 종일 쏘다녀도 가려움은커녕 기분 좋을 만큼 고슬 거린다. 매일 샤워를 해대는 우리들이, 바빠서 잘 씻지도 못하는 그들보다 영혼이 더 오염되어 있는 걸보면 참 아이러니하다. 운동 삼아 일한다 생각하니까 몸도 가뿐하다.

열악한 환경이라는 것도 생각하기 나름 아닐까. 한동안은 못 견디겠더니 생각보다 버틸만했다. 이젠 루이 엄마처럼 방바닥에서 자도 어깨가 결리지 않고 진흙 벽에서 나는 냄새가 곰살스럽게 느껴지니 말이다. 세수나 머리 감는 건 고사하고 양치만 하고 있어도 개운했다. 머리에서는 늘 뭔가 복잡했는데 여기 오니까 상쾌해지는 느낌이다.

휴대폰만도 그렇다. 서울에서는 한시도 그 물건을 끼고 있지 않으면 못 살 것 같았다. 이제는 지나간 이동통신 광고처럼 '꺼두어도 먹고 사는데 별 지장 없어요.' 다.

TV나 영화를 볼 수 없지만 굳이 답답함을 못 느낀다. 신문을 본지도 오래. 마셜 맥루한Marshall Mcluhan이 '좋아하는 신문을 읽는 것은 따뜻하고 기분 좋은 목욕을 즐기는 것과 같다' 라고 강조한 것처럼 책보다 신문을 즐겨 읽었다. 이런 것들이 없는 세상이란 뭔가 불안했다. 세상사에 나만 뒤처지는것만 같아 안절부절했었다. 내가 대중매체에 중독되어 살았음을 새삼 깨달았다. 모든 사람들에게 가끔은 마음의 평화를 위해 미디어 단식을 권한다.

신문을 읽지 않는 사람은 행복하다. 왜냐하면 그들은 자연에 눈을 돌려 그것을 통해 신을 보기 때문이다.

– 위그르족 속담에서

취향까지 바뀌는 것 같다. 갓 뽑아낸 에스프레소 커피향 조차도 그립지가 않다. 아니 잊어버렸다고나 할까. 차밭 향만도 못한 것을 어찌 그리도 찾았는지 모르겠다.

이곳은 현금인출기는커녕, 그러니 '카드인생' 같은 사회적 문제도 당연히 없다. 소비 수준이 행복의 수준인양 지출을 종용하지 않고, 쓰려고 해야 쓸 돈도 없고 쓸 일도 없는, 모두가 고만고만하게 살아가는 소집단 사회다.

휴대폰 벨 소리와 이 메일을 확인할 수 없고 자동차와 TV가 없는 곳으로 오기 위해 지불해야 했을 엄청난 경비를 생각해 보면 위안 받아야 할 사람은 오히려 나다.

언젠가는 찾아야 하는 것이 있다. 이미 오래전에 우리가 잃어버린 삶. 속도전과 소비의 관성에 길들여지지 않는 삶의 흔적이다. 바로 이것, 또 다른 삶으로 길들여진다는 것이 쉽지는 않지만.

이러니 쉽게 끓고 쉽게 식어버리고 쉽게 싫증내고 '빨리빨리'에 젖어버린 우리네 조급증 증세는 언제쯤 치유 될 수 있을까.

인디언들은 말을 타고 가다 이따금씩 말에서 내려 자기가 달려온 쪽을 한참동안 바라보고선 다시 말을 타고 달린다. 말이 지쳐서 쉬게 하려는 것이 아니고 그렇다고 자기가 쉬려는 것도 아니다. 혹시 너무 빨리 달려 자기의 영혼이 미쳐 뒤쫓아 오지 못했을까봐 영혼이 돌아올 때를 기다리는 것이라고 한다.

답답하리만치 모두가 황소걸음이다. 전통적으로 소를 우상시 하는 사람들이니까 이것마저 닮아가나 보다.

여기서는 급한 게 없었다. 항상 스타카토^{재빠르게} 속도로 해야 직성이 풀리는 나도, 자신도 모르게 거북이처럼 라르고^{Largo, 느리게}로 가고 있었다. 어리석을지라도 이렇게 꿈을 꾸어 보는 거다. 내가 떠나온 곳으로 돌아가 부딪치는 일상의 속도가 잠시라도 늦춰질 수 있기를. 그 유효기간이 최대한 연장되기만을.

서둘러서 놓치고 사는 것 보다 느릿하게 여운을 남기고 사는 것. 이러는 가운데 삶의 지혜를 하나씩 배워가는 것인 줄도 모른다. 이런 그들의 '느림'은 그저 느려터진 것이 아니라 인생의 '여유'로 다가옴을 깨닫게 된다.

어쩌다 이들에게 오늘 무슨 요일이야 하고 물어보면 정확히 대답해준다. 신기하다. 자연과 교감된 생체리듬에서 나오는 세월의 흐름을 알고 있는 거다. 여기에서 사는 사람들만의 방식일거다.

서두르지 않는 건 사람뿐만이 아니었다. 농장 안을 걷다보면 숨이 턱 막힌다. 신선한 공기에 잠시 동안 폐가 적응을 못하는 탓이다. 공기도 시간도 천천히 움직여서 슬로모션이 되는 곳. 세월도 이렇게 느리게 가면 좋으련만.

처음 와서 며칠은 후회와 자책의 연속이었다만 이쯤 되면 빠른 적응력을 가진 내게 칭찬이라도 해 주고 싶다. 평소 까다로운 성격은 다 어디로 갔는지 놀랠 일.

어느덧 이곳 사람이 다 된 걸까. 해 뜨면 밭에 나가 거들고 해 지면 들어오고. 밥 먹고 슬슬 마실 다니다가 잠자리에 들면 소박한 하루 끝.

해가 뜨면 일하고
해가 지면 쉬고
우물 파서 마시고
밭을 갈아 먹으니
임금의 덕이 내게 무슨 소용이 있으랴.

                          – 격양가, 중국 요나라 민요

　너무나도 맑은 공기. 무엇보다 눈이 싱싱해져서 살 것 같다. 아무리 눈이 나쁜 사람도 이곳에 오면 천리안이 된다. 내가 초등학교 때부터 안경을 썼으니까 지겹게 몇 십 년째다. 만화 '영심이'에 나오는 왕경태가 쓴 안경을 진작부터 쓰고 다녔다. 이제 나의 아킬레스건인 근시안도 끝을 보겠다. 며칠 벗고 다녀봤다. 세상에나! 안경 벗었다고 볼 걸 못 보는 게 아니었다. 이렇게 기분이 개운할 수가 없었다. 내 생전에 잘 때 빼놓고 안경 벗어 보기는 처음이었으니까.

　이참에 아예 눌러 앉아 버릴까 보다. 요즘 사람들 일부러라도 이런데 찾아가지 않나. 필리핀, 말레이시아, 태국의 리타이어 빌리지 관광 상품도 출시되는 판인데.
　KBS TV 『생로병사의 비밀』이란 프로그램을 통해 홍차가 암 예방 퇴치에 뛰어난 효능이 있다고 알려졌다. 따라서 앞으로는 이곳을 찾는 사람들도 늘어날 거다.

그러잖아도 요즘 들어 부쩍 신문 기사난이나 광고판을 보고 있었는데 마침 잘 됐다. 고령화 시대에 웰빙 웰빙 하는데 주야장창 천연 발효차, 홍차도 마음껏 마실 수 있겠고.

　남은여생은 티가든에서. 가요 노랫말처럼 저 푸른 초원 위에, 그림 같은 집을 짓고. 와! 멋지다.

　젊어서부터 늘 숙제 같던 인생의 한 부분이 해결된 듯하다. 고생하면서 여기에 온 보람이 있어 보였다. 이제부터 그저 빨리 늙기만을 기다리면 되겠다. 사람에게 일어날 수 있는 가장 예기치 못하는 일은 노인이 되는 것이다.

인생도 나이도 덧칠할 수록 추해진다

1911년 9월, 34살의 헤르만 헤세는 그의 인생 중 가장 긴 여행길에 오른다. 2년 후 여행기 『인도에서, 원제 Aus Indian』 책에서 다음과 같은 말을 남겼다.

'나는 인도 여행을 통해서 낯설고 이국적인 나라를 알았을 뿐 아니라 내 안에 있는 나를 발견하고 시련을 이겨내는 법을 배웠다'

그렇다면 나는 무엇을 발견 했나 짚어보는데 아직 글쎄다. 여기 온지도 꽤 되었건만. 그렇다고 굳이 대문호 헤세까지 들먹여서 비교할 필요가 있을까.

시야를 가리는 것 없이 제공선 너머까지 연장되는 너른 차밭. 코끝에 전

달되는 풋내의 유혹과 싱그러운 바람의 맛. 손깍지 베개에 누워 하늘을
쳐다본다.

베토벤^{R. V. Beethoven}은 1808년 귀 치료 요양 차 전원에서 2년을 지내면
서 '전원 교향곡'을 작곡했다. 그런데 똑같이 악기를 다뤘던 까마득한 후
배인 나는 아무것도 떠오르는 게 없어 내 머리를 톡톡 쳐봤다. 때그르르
돌멩이만 굴러간다. 그런 가운데도 퍼뜩 스치는 글귀가 있었으니 한 수
읊어 볼까.

> *고향을 그리워 말라, 어디서 왔는지 묻지 말고, 어디로 가도*
> *두려워 말라.*
> *항해가 곧 우리의 고향이니, 끝없이 가는 이 여행길, 삶을*
> *사랑하라.*
> *바람이 어디서 왔는지, 어디로 가는지 모르지만, 바람은 언*
> *제나 자유롭지 않은가?*
>
> — 니코스 카잔차키스^{Nikos Kazantzakis}

바람 따라 가는 인생. 에둘러 말해 인생이란 특별한 게 아니다 라고 해
야 할까. 그래도 한번쯤 바람이 돼봤으면... 싶기도 하다.

인생도 자연을 닮은 홍차처럼. 모난 바위가 비바람에 깎이고 다듬어져
어느새 동글동글한 공기돌이 되는 이치처럼. 이것이 삶의 터득이겠다. 이
런 것의 밑바닥에서 건져 낸 체험들은 세월이 갈수록 강철처럼 단단해진

다. 그런 단단한 오후의 삶이란 어떤 것일까.

그동안은 채워도 항상 가슴에서 뭔가 허전한 느낌이 있었다. 풍족한 내일을 위하여 남보다 더 꾸미고 덧칠하려고 발버둥을 쳤었다. 사람이 사는데 뭐 그리 많은 것이 필요하다고.

우리는 도대체 어떻게 살고 있는 것일까. 더 많이 더 좋은 것을 갖기 위해, 일생을 소모하고 사는 게 우리가 아닐까. 분명 내게도 작은 것에 만족하고 사소한 것들에 행복해 하던 시절이 있었건만. 허송세월이란 게 이런 걸 두고 한 말이겠다.

축구 경기의 하프 타임처럼 긴 인생에서 우리도 하프 타임을 가져야 한다고 생각한다. 그동안의 삶을 뒤돌아보고 잠시 쉬는 시간이 필요하겠다. 그리고 이런 생각을 해본다.

'앞으로 어떻게 살아야 할 것인가, 그러기위해 무엇을 준비해야 할 것인가' 전반전이 무작정 가정을 위한 시간이었다면 후반전은 내게 의미를 찾기 위한 여정이 되어야 하지 않을까.

엄마라는 이름만으로 나를 저당 잡혔던 시간들. 한동안은 저녁 하러가는 시간이 퇴근 시간이었지만.

겉과 속이 아름답게 나이 드는 여인, 사람을 아는 여인, 주변을 따뜻하게 안을 수 있는 여인. 그 길을 향해 나는 지금 제대로 된 길을 걷고 있는가. 누구도 모르는 게 인생이라지만 나에게 묻고 있는 것이다.

평소에 나를 생각할 때 꽤나 자연친화적이고 물질문명을 혐오하는 사람인줄 알았는데 '착각은 자유' 였던 것이다. 그저 도시로부터 제한된 탈주

만을 즐겼을 뿐이다.

누군가 내게 전기도 수도도 없는 이곳에 평생 살라고 하면 과연 몽땅 짐 싸들고 들어올까. 불안스레 흔들리는 건 두고 온 것들이 너무 많기 때문일 거다. 명품이 뭔지, 어느 곳 집값이 오를지 전혀 몰라도 자연과 함께 살 수만 있다면 얼마나 좋을까.

『로마인 이야기』의 저자 시오노 나나미鹽野七生는 교외에 있는 단독주택이나 시내의 개인주택을 집이라고 정의를 내렸다. 내가 보기에는 집의 크기나 구조, 지리적 위치에 상관없이 스스로가 마음의 여유를 누릴 수 있는 곳이면 나만의 보금자리, 내 집이 아닐까.

그런데 우리는 왜 이토록 '마이 홈'에 목숨을 거는 것일까. 한때는 아파트의 평수가 주부의 능력인양 평가된, 웃지못할 일도 있었으니까. 여러 가지 요인이 있겠지만 무엇이든 돈에 환장한 듯 처신하는 오늘의 우리가 떠난 다음에는 과연 무엇이 남겨질까 하는 궁금증이 들었다.

갈수록 하나씩 버릴 줄 아는 연습도 해버릇해야겠지. 이집트 태생의 산업디자이너, 카림라시드Karim Rashid가 제시하는 간소화란 뺄셈에 의한 덧셈이다. 즉 모든 장치나 가구에서 줄일수록 더 많은 걸 얻을 수 있다는 원칙. 가진 게 너무 많은 우리들에게 시사 하는 바가 크다.

새삼 돌아가야 할 집이 있다는 사실이 거추장스럽게 느껴졌다. 언제는, 그래도 돌아갈 내 집이 있어 행복하다고 하더니... 달관이 별 게 아니다. 두 가지 속에 해법이 있을 거다. 나도 모르게 마음이 커졌나. 작은 것이나 큰 것이나 다 똑같이 소중하지만 그 두 가지가 없다 해도 이제는 그만이다.

산은 절로 높고 물은 스스로 흐르네

한가한 구름에 잠시 나를 실어본다

바람이 부는대로 맡길 일이지

어디로 흐르던 상관할것 없네

있는 것만을 찾아서 즐길뿐

없는 것을 애써 찾지 않나니

다만,

얽매이지 않으므로 언제나 즐겁구나

- 중국 한시

　새들의 속삭임과 땀을 씻어주는 신선한 바람은 그리고 파란 하늘은 마음을 더없이 상큼하게 해준다. 그럼 잠시 세상사 잊어버려 볼까. 나를 떼어 놓고, 느슨히.

　잡다한 공상에 해는 지평선 너머로 지고 있었다.

아름다운
오뚝이 인생들

화려한 외출

　　너무 좋아서 우리는 날아 갈 것 같았다. 날개가 있었더라면 정
말 어디로 날아갔을지도 모르겠다. 드디어 오늘 하루는 해방!
　루이 엄마와 모나 엄마, 그리고 나. 이렇게 셋은 서둘러 농장을 빠져 나
가고 있었다.

　　두 여인을 데리고 시장을 가고 싶은데 딱히 구실거리가 없었다. 농장 안
에서는 여인들 외출도 마음대로 못하는 형편이다. 밖으로 나가는 날은 그
날의 일당을 벌지 못하기 때문이다. 볼일이 있다 해도 반드시 허락을 받
아야 한다. 남편한테 받는 게 아니라 담당 십장한테.
　　뭐 구실이 없을까 하다 나름대로 꾀를 생각해내고선 매니저에게 부탁을
하러 갔다. 내 위치가 굳이 십장까지 찾을 필요는 없으니까.
　　내가 돈이 떨어져서 은행을 가야 하는데 불안해서 여인들을 데리고 가
야한다고 했다. 그랬더니 루이 엄마나 데리고 가지 모나 엄마는 왜 데리
고 가냐고 한다. 그래서 다시 거짓말로 둘러댔다. 내 실수로 인해 그녀 신
발이 찢어졌다고 했다. 신을 신어보고 사야 하지 않겠냐고.

트집을 잡을 줄 알았던 매니저 하고는 일이 쉽게 풀렸다. 그런데 안에서 일이 꼬였다. 밤새 모나 아빠의 주사로 인해 동네가 시끄러웠다. 늘 그렇듯 가재도구를 때려 부수고 큰소리로 고래고래 떠들고 있었다. 그나마 몇 개 있는 밥그릇마저도 동 났겠다.

그러더니 우리가 외출 한다는 걸 알면서도 마누라를 아침부터 다시 들들 볶는 것이었다. 심술을 부리는 거였다.

모나 아빠 얘기만 나오면 내 뒷골이 당길 정도로 골치 아픈 사람. 게다가 두 여인의 몰골을 보니 나갈 수 있는 상황이 아니었다. 모나 엄마 눈두덩은 맞아서 부어올랐고 루이 엄마는 생리통을 앓고 있어 얼굴이 푸석했다. 두 사람 다 기운이 없어 축 쳐져 있었다. 모든 게 수포로 돌아가면 어쩌나, 난감했다. 나는 어떻게 해서든지 데리고 나가야한다는 생각뿐이었다. 억지로라도 팔을 잡아끌다시피 해서 데리고 나왔다.

우리에게 황금 같은 하루가 주어진 것이다. 다행이도 생기가 돌았다. 그들은 몇 달 만에 외출이라고 몹시 들떠 있다. 걸어가면서 무슨 얘기가 그리 많은지 끝없이 재잘거린다. 이들 모습을 보니까 나도 맘껏 수다가 떨고 싶어졌다. 내 나라 말을 같이 할 사람이 없다는 게 이렇게 답답할 수가.

모처럼 시내를 나오니까 매연 때문에 목이 칼칼하다. 이래서 저절로 촌사람이 되나보다.

우리가 탄 버스는 너무도 만원이었다. 심지어 지붕에까지 서 너 명이 올라와 있었다. 저러다 나뭇가지나 전기 줄에 걸리기라도 하면 어쩌나 하고 아슬아슬하니 불안했다. 그런데도 누구하나 불평 한마디 없다. 우리 같으면 누가 먼저 말을 꺼냈다 하면 서로 거드느라 한동안 시끄러웠을 거다.

버스에는 콘닥터라고 하는 안내군(?)이 있다. 정거장마다 내려서 어디 간다고 큰소리로 외쳐댄다. 혹시라도 건망증 때문에 표를 안사고 그냥 타는 일이 없도록 '표 사세요'를 끊임없이 외치고, 문 닫고 여는 신호를 운전사에게 보낸다.

지난 날 우리도 안내양이 있었던 시절, 출발하라는 신호로 '오라이...' 하면서 버스 문짝을 세 번 탕탕탕 두드리는 모습과 닮았다.

아이들이 쉬가 마렵다 하니까 서고. 누가 내리겠다고 하면 또 서고. 탈 사람이 있으면 팻말이 없어도 정거장 인거다. 때론 짐만 내리고 싣기도 한다. 신나게 달리는가 싶더니 또 정차다. 버스가 멈추자 간식거리를 들고 창가로 우르르 달려든 장사꾼들이 승객이 너무 많으니까 누구한테 시선을 둬야 할지 엄두를 못 낸다.

이때 자리에서 일어서려는데 다리가 뻐근하다. 2시간씩이나 공중부양을 하듯 시달렸으니 그럴만도하다. 불과 10km 거리를. 걸어가도 이 시간이면 되겠다. 버스 삯은 한 사람당 5루피^{130원 정도}.

"그러니까 걸어가자고 했잖아요."

내가 낸 차비가 아깝다고 루이 엄마가 투덜댄다.

"그 먼 거리를 어떻게 걸어가?"

시장이 넓어서 어디가 어딘지 모르겠다. 입구에 있는 상점에는 호사스런 옷감 일색이었다. 루이 엄마보고 나는 길치니까 아이들 데리고 다니듯 나를 챙기라고 일러두었다. 그래도 이들은 옷에만 정신이 팔려있어서 다른 건 뒷전이었다. 내가 시장가게 되면 옷을 사 준다고 누누이 말했으니까 잔뜩 기대를 걸고 있을 거다.

"우선 약국부터 들렀다가 식당으로 가자. 그 사이 뭐가 먹고 싶은지 생각해봐."

우리는 바로 앞에 있는 약국으로 향했다. 이들은 먹는 얘기가 나오니까 너무 좋아서 입만 헤.. 벌리고 있다. 모나 엄마 눈두덩에는 연고를 발라주고 루이 엄마에겐 진통제를 먹게 했다.

식당으로 들어가서 야채모모^{만두}랑 콜라를 시켰다. 일단 만두 5인분을 시켜봤다. 원 없이 실컷 먹으라고. 눈들이 휘둥그레진다. 그러더니 콜라를 꿀꺽꿀꺽 잘도 넘긴다. 잠깐사이에 만두 4인분을 후딱 해치웠다. 너무 맛있단다. 얼마 만에 먹어 보는 마음 편한 식사일까.......

"배 좀 만져봐. 쑥 불거지지 않았어?"

그녀들이 헤헤 웃는다.

옷 상점의 좌판은 크레용 색깔의 옷감으로 눈이 어지럽다. 주인은 문 바깥 천장까지 물건을 걸어 놓고 지나가는 행인들에게 사라고 말을 건다. 내가 앞에서 머뭇거리고 있으니까

시장 보는 남자 - 인도는 주로 남자가 장바구니를 들고 시장을 본다.

만두와 비슷한 야채 모모

인도 버스 광경

"마담! 안으로 들어와서 보세요. 좋은 것 많아요."

망설이고 있는 두 여인과 가게 안으로 들어갔다.

이들은 여러 옷감을 몸에다 대보고 비교도 해 본다. 나보고 어떤 게 예쁘냐고 봐 달란다. 한복감 고르는 것도 아니고 옷감마다 각양각색이라 나도 잘 모르겠다. 아쌈 여성들이 입는 멕칼라 사돌은 재봉틀로 만든 옷 형태가 아니고 긴 옷감이다.

가격대도 천차만별이다. 금사가 박혀 있는 거나 실크가 섞인 옷감은 더 비싸다. 비싼 걸 만지작거리면서 고운 빛깔과 부드러운 소재에 감탄을 하고 있다. 마음에 드냐고 물어 봤더니 차마 대답은 못하고 내 눈치만 살핀다.

주인이 가격을 말하니까 가뜩이나 큰 눈들이 솔방울 만해진다. 주인과 나의 흥정이 시작됐다. 부른 가격에 70%를 깎아 물건을 샀다. 밖으로 나오는데 현지 아줌마들이 입는 거라 비싸게 안 불렀는데 너무 깎는다고 엄살을 떤다. 여인들은 너무 좋아서 옷을 꼭 껴안고 깡충깡충 뛸 기세였다.

"시스터, 바흐뜨 단야왓 너무 고마워요."

둘이서 나를 향해 넙죽 인사를 한다. 길 가던 사람들이 우리를 쳐다본다. 이방인에게 인사를 깍듯이 하는 현지인이 자기들이 보기에도 이상하게 보였나보다.

나 초등학교 때 어깨에 멨던 책가방이 보였다. 하나씩 고르라고 했더니 싫단다. 일전에 보니까 루이랑 모나 옷은 구호단체에서 받아서 그런 데로 입을 게 있는데 책가방이 너무 낡은 걸 봐오던 터다. 굳이 사지 말라고 말리는 걸 내 맘대로 사버렸다. 고맙다고 하는 인사가 또 깍듯했다. 비록 가진 건 없지만 반듯한 사람들이다.

생선 가게도 들렀다. 팔뚝만한 생선하고 양동이 속에서 굼틀대는 조개들을 열심히 들여다보고 있다. 신기하단다. 육지에서 사는 사람들한테는 생선류는 비싸기도 하고 귀한 물건이다. 늘 먹어본 게 아니라서 그런지 사주겠다는데도 싫단다. 나한테 미안해서 일게다.

아침에 일어난 돌발 상황은 마음을 애태웠던 순간이었다. 조마조마 했던 일들이 주마등처럼 지나간다. 이런 걸 생각하면 지금의 일분도 아깝다. 보고 싶은 게 있으면 보고, 살 것이 있으면 사라고 했더니 별로 없단다. 영화라도 보자니까 고개를 흔든다.

"이렇게 구경만 하고 다녀도 너무 좋아요."

그 심정 능히 알만하다. 내가 꼭 사야 할 것이 하나 남았다. 매니저 것까지 남자들 선물을 사야한다. 여인들에게 뭘 사면 좋을까 하고 물어보았다. 글쎄요, 한다. 남자 와이셔츠를 파는 상점에 들어갔다. 루이 아빠, 모나 아빠의 사이즈를 물어 봤다. 안사겠다고 고개를 흔들고 손사래를 친다.

"오늘 일 안한 거 나중에라도 말 들을지 몰라. 그러니까 남자들 것도 사야 해."

"그것은 우리가 알아서 할 거예요. 언니 이제 그만 사요. 너무 죄송해서요."

"루이 엄마? 이 넓은 데서 자기들만 가면 어떻게 해? 같이 가야지."

벌써 둘이서는 밖을 나가 저만치 가고 있었다. 내가 알아서 세 장을 사들고 서둘러 나왔다.

　얼마를 휩쓸고 다녔는지 다리가 뻐근하다. 여인들도 말은 안 해도 쉬고
싶을 거다. 길거리 리어카에서 파는 선인장 생 주스를 마시면서 의자에서
쉬고 있었다. 멈추지 않던 수다는 조금 수그러들었지만 연신 웃고 있다.
자꾸 장바구니에 들어있는 옷을 만져본다.
　"새 옷으로 갈아입고 갈래?"
　"아니 언니? 어떻게 시장에서 입고 다녀요. 절대 안돼요."
　"두 사람 다 얼굴이 예뻐서 이 옷만 입으면 브라만^{최고 높은 계급}일 텐데."
　그래도 고개를 절레절레 흔든다. 내 마음 같아서는 지금 입고 있는 옷이
누추하니까 갈아입으면 좋겠다. 옷이 날개라고, 한 인물 날 텐데.
　"알았어. 그런데 생리통은? 아직도 아랫배가 아파?"
　"약 먹어서 괜찮아요. 시스터 단야왓^{고마워요}!"
　"다행이네. 이제 그만 좀 웃어. 입으로 시장에 있는 먼지는 다 들어가
겠어."

"그런데 혹시 매니저가 신발 샀냐고 물어 보면 어떻게 할래?"

매니저한테 거짓말한 게 조금 걸렸기 때문이다. 신발이 약해서 툭 하면 잘 찢어지니까 새로 산 걸로 믿을 거란다.

그렇다면 이렇게 놀다 들어가도 남편이나 매니저한테 책잡힐 일은 없겠다. 몸은 나른하지만 우리들의 발걸음은 가벼웠다. 모나 엄마를 보니 부은 눈두덩도 가라앉았다.

마음 같아서는 루이 엄마에게는 일 할 때 입을 편안한 옷을, 모나 엄마에게는 그릇을 더 사주고 싶었는데 다 접었다. 그만 좀 사라고 하도 야단을 해서.

그런데 루이 동생 것, 아기 선물을 산다는 걸 깜빡했다. 한다고 하는데도 꼭 뭔가 하나는 빠트린다. 버스 정거장 앞에 스위트^{과자}가게가 있다. 루이 엄마보고 루이 할아버지 드릴 것을 고르라고 했더니 그녀는 한사코 내뺀다. 내가 이것저것 골라 한 봉지를 샀다. 나른하니까 실랑이 할 기운도 없다. 버스를 기다리고 있는 그녀를 보고 있으려니 마음이 찡하다. 어쩌면 저리도 욕심이 없을까.

노란색의 어린이 전용차 릭샤
길거리 이발소
인도 전통 신발

버스를 탔는데 이상하게 속이 울렁거리기 시작한다. 차멀미는 아닌 것 같고. 아까 낮에 먹은 게 안 좋은가 보다. 체 했나 자꾸 속이 메스꺼웠다. 덜커덩대는 비포장도로를 달리는 낡은 버스가 속을 더 울렁거리게 했다. 토할 것만 같아 더는 참지 못 하겠다. 눈을 감고 앉아 있는 루이 엄마를 툭툭 쳤다. 날 보더니 깜짝 놀란 그녀가 뭐라고 소리를 치니까 달리던 버스가 급정거를 한다. 그녀가 얼른 승객들을 헤치고 나를 밖으로 끌어내렸다. 행동이 민첩하다. 둘이서 내 등을 탁탁 두드리고 야단이다. 버스 안에 있던 승객들이 무슨 일인가 하고 놀란 표정들이다. 속이 편해진 것 같아 다시 버스에 올랐다. 창가 좌석에 앉아있는데 내 손을 잡고 있는 두 여인의 표정을 무심코 보고 있다 슬쩍 웃음이 삐져나왔다. 눈빛은 미안해하고 있는데 입가는 웃고 있다고나 할까.

"괜찮아. 다 나았어. 오늘 어땠어?"

"마치 꿈속에서 놀다 온 것 같아요."

장바구니 속에 있는 옷을 또 들여다본다. 옷감에 구멍 나겠다. 시집올 때 새옷 입어보고는 처음이라니 그럴 만도 하다.

이들에게 진 빚을 하나 덜은 것 같다. 농장을 떠나기 전에 뭘 사주면 좋을까 고민을 했었는데. 선물도 선물이지만 여인들에게 하루 동안 자유를 준 것. 또 시장 구경을 시켜 준 건 아주 잘한 일이다. 아마 두 여인들에게는 결혼해서 지금까지 최고의 사치를 누려본 게 아닌가 싶다.

그런데 내가 왜 이렇게 기분이 뿌듯하지. 선물은 내가 받은 듯하니. 마치 내 자식이 공부를 잘해서 상장을 받아올 때 그 어미 심정이랄까. 충동 구매란 단어는 애당초 내 사전에 있지도 않지만 이번에 해 보니까 무조건 손사래 칠 만도 아니다. 돈이 나갈 때마다 가벼워진 지갑이 살짝 걸리긴 했지만.

길거리 먼지 들어간다고 그녀들이 이번에는 나보고 입 다물라 하겠다.

버스에서 만난 부르카를 쓴 무슬림 여인

당신은 사랑받기 위해 태어난 사람

석별의 밤

농장의 저녁 식사는 여느 동네보다 빨리 시작하는 편이다. 전기도 없는데다 사람들이 일찍 자고 일찍 일어나기 때문. 저녁을 한술 뜨는 둥 마는 둥 하다 오늘 설거지는 루이 엄마가 하겠지 하고 마당으로 나왔다.

헤어질 일이 심란하다. 정 들자 이별이라, 내일 아침이면 떠난다.

평상에 앉아 저녁노을을 바라보는데 문득 떠오르는 게 있다. 의자를 조금만 뒤로 당기면 해가 지는 모습을 계속 볼 수 있다는 어린 왕자의 작은 별 이야기.

기다리지 않은 시간은 더 빨리 오는 법. 어느새 하늘가득 밤 별들이 살아나기 시작한다.

'저 별은 나의 별, 저 별은 너의 별' 하며 유치한 줄도 모르고 놀아야 하는 건데. 이래야 답답한 마음이 조금은 풀릴 텐데. 평상시와 다름없는 밤인데도 뭔가 어색하다.

짐 정리하기도 싫고 씻기도 귀찮다. 하루 정도 안 씻은들 어떻게 될까. 여기 오던 첫 날 밤에 나를 그토록 놀라게 했던 송아지만한 개들이 오늘 밤에는 그리워진다. 이런 밤에는 그것들이라도 옆에 있으면 위로가 되련만. 가축들도 눈치가 빠른지라 내가 싫어하는 걸 알고 그날 이후로 내 근처에는 온 적이 없다. 지금도 어디에서 자고 있는지 보이지를 않는다. 혹시나 하고 귀를 열어놓았다. 아무나 붙잡고 얘기가 하고 싶어지는 밤이다. 하쯔쌀 막걸리 반 양재기에 달아오른 얼굴을 베개에 묻어도 눈은 말똥말똥하다.

기러기 울어 예는 하늘 구만리
바람이 싸늘 불어 가을은 깊었네
아아 아아 너도 가고 나도 가야지
한낮이 끝나면 밤이 오듯이
우리의 사랑도 저물었네
아아 아아 너도 가고 나도 가야지
산촌에 눈이 쌓인 어느 날 밤에
촛불을 밝혀두고 홀로 울리라
아아 아아 너도 가고 나도 가야지

  – 「이별의 노래」 박목월 시詩

어쩌면 이렇게도 내 마음과 같을까.

농장의 여인들과 친구처럼 동생처럼 스스럼없이 놀았던 몇 달이 어떻게 흘러갔는지 모른다. 룰루랄라 하며 씩씩하게 들어온 게 엊그제 같은데. 지나간 많은 일들이 파노라마처럼 전개된다.

친구 안솔리가 농장으로 가게끔 허락해 주었을 때 만해도 너무 좋아서 팔딱팔딱 뛰어다녔다. 과자와 볼펜을 가득 안고 가난한 사람들에게 나눠 줄 생각을 하면 가슴이 부풀어 있었지.

나 어렸을 적일이다. 희한하게 생긴 사람들 뒤를 졸졸 쫓아다니면서 그들에게 받아먹었던 초콜릿의 달콤한 추억이 있다. 그들이 미국인 선교사라는 걸 커서야 알았다. 변변한 것 하나 없던 시절, 어린 마음에도 귀한 것을 나눠주는 외국 사람들이 꽤나 좋아 보였나보다.

막상 와 보니 상상외로 열악한 환경에 당장이라도 뛰쳐나가고 싶었다. 짐을 쌌다 풀었다 하기를 몇 번, 오자마자 나갈 수가 없어 체면 때문에도 눌러 있게 되었다.

한동안은 역마의 물살을 거역하지 못하고 '에라 모르겠다' 는 자포자기 심정으로 지냈다. 마음의 빗장열기가 쉽지만은 않았기 때문이다. 이렇던 내가 장기체류자가 되다니.

정든 얼굴들이 하나씩 스쳐지나간다. 어린 신부, 소모의 배는 지금쯤 제법 불러왔을 걸. 꼬마 신랑이 잘 해 줄려나. 이 사건만 생각하면 나도 모르게 목이 멘다.

잊지 못할 여인 중 한명을 꼽는다면 단연 모나 엄마다. 목소리는 어찌 그리 큰지. 때로는 주책이 없어 가끔 그녀 옆을 피해 다닌 적도 있었지만 인정만은 그만인 사람. 화통을 삶아 먹은 소리도 언젠가는 정겨워지겠지. 제발이지 눈치껏 살면서 남편한테 맞지 않았으면 한다.

나의 일등 공신은 천사표 루이 엄마, 소마리다. 내 오른팔 노릇을 톡톡히 해낸 여인. 내일부터 나 때문에 부엌 바닥에서 자는 일은 없겠지. 그녀 얘기를 꺼내려니까 가슴부터 아려온다. 이 여인이 아니었으면 내가 이곳에서 이렇게 오래 머물러 있었을까, 언감생심(焉敢生心)이다.

내 삶의 후반생을 어떻게 터닝포인트를 해야 하는지를 가르쳐준 멘토다. 여행을 통한 낯선 곳의 삶이 얼마나 큰 스승이 되고 학교가 되는지를.

농장의 모든 것들을 눈여겨보면 자연을 닮은 듯하다. 특히 여인들의 얼굴을 보면 그랬다. 이들은 가사일과 찻잎 따는 일, 이중의 고된 생활을 하고 있지만 세상사를 초월한 듯 편안함이 느껴진다.

비록 겉은 가난하지만 우리가 잃어버린 것, 인간의 마음을 고스란히 간직하고 있는 이들은 닫힌 나의 마음을 조금씩 열어주고 있었다. 화선지에 먹물 번지듯 소란스럽지 않으면서 마음이 풀어지기 시작했다.

내가 얼마나 기가 막혔는지
내가 얼마나 무서웠는지
내가 얼마나 죽을 뻔 했는지
그래서 내 마음이 얼마나 아팠는지
그러나 그대들이 있었기에 버틸 수 있는 용기를 얻었다.

매니저는 마중 나오지 않을까, 나를 소개해 준 사람의 얼굴을 봐서라도. 내가 시시콜콜 미워했던 사람이지만 이제는 그 사람하고도 안녕을 해야 한다.

농장의 여인들은 밭에 나가야 되니까 배웅을 못 할지도 모른다. 일하다가 지나치는 나를 보면 손 흔드는 걸로 대신할 수도 있겠다.

이 사람들은 하루가 고달프니까 밥상 물리기가 바쁘게 곯아떨어진다. 한번 보기나 해야지 하고 부엌 바닥으로 가서 잠자고 있는 소마리 어깨를 툭툭 쳤더니 벌떡 일어나는 것이었다. 안자고 있었나. 식구들 깰까봐 귀에다 대고

"잠깐 나와 봐." 하고 팔을 잡아끄니까 속히 따라 나온다.

이제 우리끼리는 목소리만 들어도 알 정도. 밖은 선선한 바람이 스쳐 지나간다. 눈썹 같은 달과 별이 총총해서 사방이 어렴풋하다.

뒤쪽 펌프 가 구석에서 그녀 손을 잡는 순간 깜짝 놀랐다. 손끝이 뜨겁고 떨고 있었다. 이때 내 손등 위로 뭔가 한 방울 똑! 떨어졌다. 방안에서도 줄곧 이랬나 보다. 순간 놀랐지만

"그동안 자기 덕분에 너무 행복했어. 우리끼리는 서로 의지가 됐는데……"

말하는 내 목소리도 어느새 떨고 있었다.

이때 그녀 어깨가 조금씩 들먹이더니 급기야는 '언니, 언니' 하면서 울음을 터트리는 것이었다. 평소에 차분한 면만 보다가 이런 모습을 보니까 당황스러웠다. 우는 소리에 누구라도 깨면 어쩌나, 인기척에도 예민한 개

들이 컹컹 대기라도 하면 어쩌지 하고 조마조마 마음을 졸였다.

이럴 땐 어떻게 해줘야 하나. 서로 부둥켜안고 한참을 있었던 것 같다. 한사코 받지 않겠다는 루피를 그녀 허리에 욱여넣었다.

심정이 이리 착잡하니 잠이나 올까 모르겠다.

그 때를 기억하면 지금 이 글을 쓰면서도 자판 위가 아른거린다.

".............!"

석별의 아침

아침 햇살이 닫힌 창을 뚫고 들어와 방안을 점령한다. 화창한 날씨다. 늘 출근하는 사람처럼 아침에 일어나는 시간이 정해져있었는데 오늘은 내가 늦장을 부린다. 다른 날 같으면 이 시간쯤이면 동네 여인들과 앞으로 나란히 하면서 차밭으로 걸어가고 있을 때다.

미리 버스 티켓을 사 놓은 것도 아니고 굳이 떠날 시간이 있다면 내 기분이 '가자' 할 때다.

어느 새 루이 엄마는 예불하러 사당을 갔나 보이지를 않는다. 나도 하늘에 계신 주님께 힘찬 기도를 날려 보낸다. 차밭 여인들이 건강하길. 특히 주님의 어린양인 소모를 지켜주시길. 순수한 여인들과 아름다운 마침표를 찍게 해줌에 감사를 드린다.

약간의 과장이 허용 된다면 어젯밤 나는 눈물 젖은 짐을 싸고 있었다. 아침에 다시 배낭을 점검해봐야 하는데 대충 하다말다 미적거리고 있다.

곁방살이를 오래 한 탓에 소소하니 챙길 게 있었다. 샘플용 비누나 샴푸가 펌프 가에 있는지 찾아봐야했다. 손톱깎이는 루이 엄마 주려고 하는데 어디에 났나 안 보인다. 빨랫줄에 널어놓은 속옷하고 타월도 걷으러 가야 하는데. 자꾸만 눈물이 앞을 가려 준비하는 데 진도가 안 나간다.

이집 저집에서 선물로 준 홍차 무게만도 만만찮다. 나를 불러 밥 한 끼 못했다고 미안하다고 하면서 준 선물이었다. 차를 보니 마음이 다시 찡해 온다. 무엇과도 바꿀 수 없는 값진 물건들. 정성껏 따로 작은 가방에 넣고 있는데 루이가 문에 서서 짐 싸고 있는 걸 구경하고 있다. 서로 눈이 마주 치는 순간 와락 나한테 달려들었다.

"아줌마아……"

"학교 빠지지 말고 끝까지 다녀야한다. 아줌마랑 약속이다. 오케이?"

더 서럽게 운다.

"루이야 그만 울고 이것 좀 봐. 코리아 저금통이야. 돈 모아서 책 사서 봐."

얼마간의 루피^{인도화폐}를 복주머니 속에 넣어 선물로 주었다.

루이 아빠와 매니저, 여인들 몇 명이서 정문 앞까지 배웅을 했다. 자기 네들끼리도 아무 말이 없었다. 골난 사람들처럼 입을 꾹 다문 채.

루이 엄마는 눈두덩이 부어있었고 얼굴색도 안 좋았다. 밤새 잠을 못 잤 나보다. 목소리도 쉰 듯하다.

"언니? 꼭 다시 오셔야 돼요."

알았다고 고개를 끄덕여보지만 과연 여기를 내가 또 올 수 있을까. 루이 아빠 손을 잡으면서

"너무 많은 신세를 졌네요. 건강 생각해서 하쯔 조금만 드세요."

"잘해드리지도 못하고...." 하면서 돌아서서 눈물을 훔친다.

내 눈가도 그렁그렁. 루이 아빠는 지난번 시장에서 사다 준 와이셔츠를 입고 있었다. 모나 엄마는 연신 훌쩍 거리고 있다. 그녀 귀에다 대고

"모나를 생각해서라도 모나 아빠한테 맞지 않도록 해. 요령껏 하라고."

내 손을 꼭 잡더니 놓을 줄을 모른다.

당장 누군가 내 발목을 잡고 가지 말라고 매달린다면 못 이기는 척 주저 앉고만 싶었다.

한사람씩 꼬옥 껴안고 어깨를 토닥거려 주었다.

당신은 사랑받기 위해 태어난 사람

당신의 삶속에서 그 사랑 받고 있지요.

당신은 사랑받기 위해 태어난 사람

지금도 그 사랑 받고 있지요.

매니저하고는 악수를.

"나 때문에 고생 많으셨어요. 단야왓. 고마워요"

"마담, 또 오십시오."

착한 사람들,
들꽃처럼 씩씩하게 살아요

떠나는 발걸음이 운동화에 돌을 맨 것처럼 꽤나 무겁게 느껴진다. 걸을 때마다 배낭 속에서 그윽한 차향이 솔솔 풍겨 나왔다. 배낭이 올 때보다 더 무거웠다. 자꾸 뭔가 내 뒤통수를 끌어당기는 듯해서 뒤를 돌아보니 다들 우두커니 서 있다. 손 흔드는 것도 잊은 채. 어서들 들어가라고, 어서.

더욱 우거진 초록 밭과 더욱 높아진 하늘, 솜사탕 같은 뭉게구름이 어우러져 이루 말할 수 없이 아름답다. 발걸음이 잘 떨어지지가 않는다. 정말 누구라도 와서 날 붙잡아주면….
허전한 마음에 혹시나 하고 다시 돌아보았다. 각자 되돌아가는 걸음걸이가 맥이 빠져 보인다.

듬직해 보이는 전나무들이 내가 걸어가는 양옆으로 도열해 있다. 마치 나에게 차렷 자세를 하고 이별 인사라도 하려고 기다리는 듯하다.

호젓한 이 길은 처음 들어올 때 나만 걷기에는 아깝다 생각했었다. 나무들이 내 머리 위로 그늘이 되어 주어 우리의 첫 만남은 상쾌했었지. 아침마다 산책을 해야겠다고 점찍어 놓은 길이지만 그 약속은 지켜지지 않았다.

여인들과 고락을 함께 한 나무들이다. 지나가면서 한 두 나무를 툭툭 쳐 봤다. 그새 키가 한 뼘은 더 자랐겠다. 무성한 가지들이 잎사귀 사이로 흘러내리는 햇빛을 가리고 있다. 잠시 가던 걸음을 멈췄다.

'나무들아 소리 없는 아우성이라도 좋으니 여인들에게 응원을 보내다오. 그녀들한테는 너희들이 싱싱하게 자라는 모습만 보아도 위로가 될 거다. 마음의 기둥이 되어 주어라' 이렇게 짧은 인사를 남긴다.

나무 가지끼리 부딪치는 소리가 바람처럼 쉬익 거리며 멀어져간다. 우리들의 놀이터였던 광활한 차밭이 걸을 때마다 점점 벌어지고 있었다.

바로 이 놀이터가 내 생애 터닝 포인트가 되었던 교실이 아닌가. 단순 호기심에서 출발한 가벼운 발걸음이 이렇게 엄청난 일을 해 낼 줄이야. 잠시 차밭이라는 환상의 파랑새를 쫓아갔던 지난날이 떠올라 가슴이 벅차오른다. 역시 모험이란 알고는 못하는 것이다.

'오월, 너 참 대견하다. 잘했다. 넌 자랑스러운 대한민국 아줌마야.' 어깨가 저절로 으쓱 해지면서 주위를 들러보게 된다. 누가 내 어깨 좀 토닥거려 주지 않나.

'나무들아, 그럼 너희들만 믿고 떠나마. 나의 열정 진행형은 여기서 끝이 아니란다. 또 보자꾸나.'

들뜬 마음 한 편에 다시 여인들이 자리를 잡는다. 과자와 볼펜을 나누어 주면서 그들의 소중한 마음에 상처를 주지는 않았을까. 이들보다 좀 더 가진 게 많다는 자만(自慢), 내 만족이면 된다는 우쭐대는 선심이 부끄러 웠다. 이제는 다 툴툴 털어 버리고 바람만 담은 깃발처럼 가볍게 돌아갔으면.

이제 버스를 타면 문명세계로 귀환이다. 몇 시간 후면 십사가르 친구네 집에 가 있겠다. 과연 그쪽의 생활에 적응이 될까 모르겠다. 조금은 겁이 난다. 마치 산속에서 몇 년간의 수도를 끝내고 환속하는 도인이 세상을 바라보는 근심이랄까. 시간이 멈추어버린 곳, 자연을 닮은 이곳이 애초부터 사람의 정서가 아니었나 싶다. 기약도 없는 먼 길에 오른 처지에 또 오고 싶다는 욕심이 생긴다. 마음의 고향으로 남겨두기엔 아쉽다.

여행은 우리를 겸허하게 한다. 세상에서 내가 차지하고 있는 부분이 얼마나 작은가를 두고두고 깨닫게 하기 때문이다.

– 구스타브 플로베르 Gustave Flaubert

이제 한 편의 드라마는 끝났다. 그러나 나에게는 시작일 뿐이다. 다시 걸음걸이가 빨라지고 있었다.

오늘도 여인들의 치마폭에 휩싸여 이야기를 만들고 있는 아쌈 티여,

그대 이름은 평화롭고 아름답지만 여인들의 손은 거칠고 주름은 골이 깊구나.

애절한 삶의 한 페이지, 초록빛 전설이 나그네 마음을 울리네.

에필
로그

애절한 삶의 페이지를 덮으면서...

헤어져버린 방랑자라는 이름표가 팔랑거린다. 이렇게 영원할 것만 같
았던 나의 여행은 마침내 끝이 났다.

주위에 궁금해 하는 사람들이 많았다. 어떻게 그런 곳을 갔다 왔느냐,
우리도 갈 수 있겠느냐, 가려면 무슨 준비부터 해야 하느냐, 어려운 점이
무엇이냐, 또 가고 싶냐.... 등등.

그러나 아무 말도 해 줄 수가 없었다. 머리가 멍하고 가슴이 답답했다.
뭐랄까... 파울로 코엘료 Paulo Coelho의 『연금술사』의 주인공, 양치기 소년
이 피라미드 아래 묻힌 보물을 찾아 순례 여행을 떠났듯이. 마침내 그가
보물을 찾았을까. 그에게 보물보다 더 중요한 것은 여행자체가 아니었나.

이렇게 한동안은 나 나름의 고민에서 벗어 날수가 없었다. 그저 그네
들보다 나이가 많고 혹은 조금 더 일찍 무언가를 경험했다고 해서가 아
니다.

나에게는 아무렇지도 않은 차밭여인들의 일상이 그들에게는 삶 자체였
기 때문이다. 빨수록 물이 빠지는 인도의 옷감처럼, 지난 몇 개월 동안 부

딪쳤던 그들이 내 가슴 속에 진하게 물들어 있었다. 한편으로는 조금은 씁쓸하고 서글픈, 뭐라 꼬집어 말할 수 없는 거였다.

한국에서의 모든 일을 잠시 접어두고 훌쩍 떠난 여행이었지만 그곳에서도 내 마음은 여전히 수많은 사람 속에 있었다.

때로는 절망에 빠지고 때로는 아득한 벽 앞에 서있었지만 그럴 때마다 나의 빈자리를 그들이 채워 주었다.

까맣게 그을린 피부와 추억을 한 아름 안고 결국은 돌아왔다. 나를 찾아 헤매며 맑은 눈으로 세상과 만났고 마침내 해냈다. 그을린 피부만큼 나이테가 단단해진 아줌마다.

삶은 예고편이 없다. 자칫 멈출 것 같지만 어디서나 천천히 흘러간다. 시간은 언제나 리허설 없는 '온 에어' 램프가 켜지는 생방송의 연속이다.

이제 여행의 끝, 그리고 모든 것이 그렇듯 그 끝과 맞닿은 점과 또 다른 시작점에 램프가 켜져 있다. 이 꼭지 점은 벌써 다시 나를 설레게 한다. 나는 생각하는 갈대가 아니라 움직이지 않으면 쓰러지는 굴렁쇠다. 머리를 굴리는 것보다 몸을 움직이는 게 더 좋기 때문이다.

꿀 1kg을 모으기 위해 벌은 560만 송이의 꽃을 찾아간다고 했던가. 내 삶도 때로는 좋은 꿀을 모으기 위해 보다 멀리, 보다 많은 꽃송이를 필요로 한다.

이 책은 나 자신을 바라보는 나의 시선이다. 인생 제 3의 성장기를 앞둔 지금, 이제 나도 누군가에게 그런 향기로운 사람이 되고 싶은 바램이다.

그러나 마음은 조심스럽다. 그 어떤 일에도 젊었던 시절처럼 쉽사리 달

아오르지 않는다. 그저 이제는 사람에게 위로받기보다는 말없는 자연의 손길에 기대고 싶어지는 나이에 들어섰음을 조금은 서글픈 마음으로 확인 할 뿐이다.

사람은 태어날 때부터 살다 갈 일정표를 갖고 나오는 것 같다. 내가 차밭 여인들과 맺은 인연은 피할 수 없는 행복한 연이라 생각한다.

인생은 죽기 전까지 반전이 있게 마련이다. 차를 사랑하게 된 내 삶의 후반생을 어떻게 마무리해야 하는지를 가르쳐준 동생 같고 이웃 같은 차밭 여인들. 지금은 귀한 나의 스승이 되었다. 이들에게 고마움을 전한다. 작은 가슴으로 큰 이야기를 하게 돼서 부끄럽다.

동쪽 끝에서 서쪽 남부로 찾아가는 곳. 아쌈의 지도가 바뀌고 있다. 해마다 조금씩 자연이 사라지고 있는 것이다. 아파트 모형 광고판이 버스터미널에 버젓이 걸려있는걸 볼 수 있었다. 마천루 같은 대형 아파트가 그곳에 들어선다는 것도 시간문제라 할 수 있겠다.

요즘도 가끔은 여행자인 나와 원주민을 혼동 할 때가있다. 아침이면 동네 여인들에 섞여 나란히 차밭으로 걸어가야 하는 게 아닌가, 하는 착각이다.

영원한 푸른 동네 '아쌈'. 지금도 차밭에서 잎을 따면서 깔깔거리고 있을 여인들의 얼굴이 눈에 밟힌다. 무엇이 그리 즐거운지.... 이래서 오늘도 주인공들은 역사의 흔적을 남긴다.

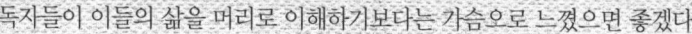

독자들이 이들의 삶을 머리로 이해하기보다는 가슴으로 느꼈으면 좋겠다.

지천명^{知天命}을 훌쩍 넘긴 나이인데도 아무것도 내세울게 없는 나 자신이다. 인생 제 3의 성장기에 접어들어 이렇게나마 발자국을 남기게 돼서 자랑스럽고 그저 감사 할 뿐이다.

– 2009년 10월 내 책상 앞에서

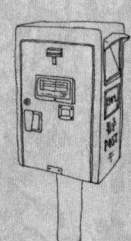

자신의 여행담을 글로 전달하고 싶은 분들은 망설임 없이!
독창성과 전문성, 그리고 현장에서의 풍부한 경험 중 한 가지라도 갖추고 있다면
이메일 help@bookbee.co.kr로 연락주세요.^^